【農学基礎セミナー】

新版
農業情報処理

高倉 直・伊藤 稔・山中 守………●編著

まえがき

　この10年間におけるコンピュータ利用は，それまでとは様相が大きく異なっている。それまでは単体としての利用が基本となっており，一口でいうとワープロ，表計算や制御のためのものという使われ方であったが，最近はいわゆる情報の収集や発信，さらにコミュニケーションのためのツールという形での利用が大幅に発展した。インターネットに代表される，複数のコンピュータによるネットワークの形成が基本となっている。したがって，その広がりはわが国という範囲にとどまらず，たちまち世界とつながる。もちろん，この間にもハードウェアの進歩・発展はめざましいものがあったことはいうまでもない。このような技術革新の上に立脚したコンピュータの利用形態ということができる。

　この本では，このようなコンピュータ利用の基本を理解し，自分で積極的に利用できる能力を養うことを目的としている。まず，コンピュータがわれわれの生活にどのようにかかわっているかを大まかに理解したうえで（第1章），その基本を理解するのが第2章である。したがってこの章では，コンピュータのしくみ，ソフトウェアの説明，ワードプロセッサの使い方から表計算，図形や画像処理，さらにプレゼンテーション用ソフトウェアの使い方を紹介している。

　最近の特徴であるネットワーク利用については，インターネットのしくみを理解し，情報の検索だけでなく，ホームページの開設方法まで解説した（第3章）。農業における情報の発信と収集では，農業用情報にはどのようなものがあるか，また必要なものをどのように取り込み，解析し，自分用に発展させ，さらにそれをどのように発信するかを紹介した（第4章）。さらに農業をとりまく関連分野として食料・農業さらに地域社会との関連において，どのような情報が活用されているかを，環境・資源の保全，生産・加工の改善，流通・販売の変革，生活面や農村・都市交流の面から，その実態を紹介し活用の方向を示した。

　本書をとおして，現在のコンピュータ利用を十分理解し，自分自身の力によって，農業生産・農村生活さらに環境保全や都市との交流など，生産・生活の広い場面で利用ができるようになることを期待する。

2003年3月2日　　　　　　　　　　　　　　著者を代表して　髙倉　直

目　次

第1章　私たちの生活と情報　　1

1　広がる情報・コンピュータ活用 …………… 2
1. 暮らしの中の情報活用 ………………… 2
2. 産業社会における情報活用 …………… 4
3. 食料・農業・農村と情報活用 ………… 7
4. 高度情報通信社会の問題点 …………… 8
5. 問題解決とコンピュータ利用 ………… 10

第2章　情報・コンピュータ活用の基礎　　13

1　コンピュータのしくみ …………………… 14
1. いろいろなコンピュータ ……………… 14
2. コンピュータの基本構成
　　──5つの機能と装置 ………………… 16
3. パーソナルコンピュータの構成と装置 … 17
　　(1) コンピュータ本体 ………………… 17
　　(2) 入力装置 …………………………… 18
　　(3) 出力機器 …………………………… 19

2　ソフトウェアの機能と種類 ……………… 20
1. ソフトウェアとは ……………………… 20
2. オペレーティングシステム …………… 21
3. 応用ソフトウェア ……………………… 22

3　マルチメディア …………………………… 24
1. コンピュータが扱うデータ …………… 24
2. マルチメディアの特徴 ………………… 25

4　パーソナルコンピュータの基本操作 …… 26
1. パーソナルコンピュータの起動と終了 … 26
2. ファイルの管理 ………………………… 26

5　ワードプロセッサの活用
　　──文字情報の処理 ………………… 30
1. ワードプロセッサの機能と特徴 ……… 30
2. ワードプロセッサの基本操作 ………… 30
　　(1) 文字の入力 ………………………… 31
　　(2) かな漢字変換 ……………………… 32
　　(3) 文書の印刷 ………………………… 33
　　(4) 文書の保存 ………………………… 34
　　(5) 文書の読み込み …………………… 34
3. 文書の編集 ……………………………… 35
　　(1) 挿入 ………………………………… 35
　　(2) 文字の削除 ………………………… 35
　　(3) 文字の複写（コピー） …………… 36
　　(4) 移動 ………………………………… 37
4. 体裁をととのえる編集 ………………… 38
　　(1) けい線を引く ……………………… 38
　　(2) 書式をととのえる ………………… 38

6　表計算ソフトウェアの活用
　　──数値情報の処理 ………………… 43
1. 表計算ソフトウェアの機能 …………… 43
2. 表計算ソフトウェアの特徴 …………… 44
3. 表計算ソフトウェアの基本操作 ……… 44
4. いろいろな関数の利用 ………………… 49

7　図形・画像情報の処理 …………………… 58
1. 描画ソフトウェアの機能と特徴 ……… 58

2. 描画ソフトウェアの基本操作……… 59
　　　（1）ペイントソフトの基本操作……… 59
　8　情報の統合とプレゼンテーション ……64
　　1. 文字情報と数値・図形情報の統合 …… 64

第3章　情報通信ネットワークの利用　69

　1　コンピュータと通信…………………… 70
　　1. コンピュータ通信の発展……………… 70
　　2. コンピュータ通信のしくみ…………… 72
　2　インターネットのしくみと利用……… 74
　　1. インターネットのしくみ……………… 74
　　2. インターネットでできること………… 76
　　3. 農業におけるインターネットの利用 … 78
　　4. インターネットのセキュリティ
　　　（安全性）………………………………… 78
　3　コンピュータネットワークの活用…… 80
　　1. ホームページの閲覧…………………… 80
　　2. 情報の検索……………………………… 83
　　　（1）キーワード検索……………………… 83
　　　（2）カテゴリー検索……………………… 85
　　3. 電子メールの送受信…………………… 86
　　4. Web ページの作成と情報発信………… 92
　　　（1）ホームページのしくみ……………… 92
　　　（2）HTML ファイルの作成……………… 93
　　　（3）Web ページ作成の手順と注意点 …… 94
　　　（4）Web ページをインターネット上に

　　　　公開する……………………………… 96

第4章　農業における情報の活用　97

　1　農業情報の収集と活用………………… 98
　　1. 農業における情報，情報活用の特徴 … 98
　　　（1）農業における情報の特徴…………… 98
　　　（2）情報蓄積の重要性…………………… 98
　　2. いろいろな農業情報…………………… 99
　　3. 生活情報の収集と利用………………… 101
　　4. 環境情報の収集と利用………………… 103
　　5. 生体情報の収集と利用………………… 107
　　6. 経営情報の収集と利用………………… 112
　　7. 情報の発信……………………………… 115
　2　計測と制御
　　　――コンピュータによる農業生産の
　　　システム化……………………………… 122
　　1. 計測・制御とその方式………………… 122
　　　（1）計測と制御とコンピュータ………… 122
　　　（2）制御の種類…………………………… 122
　　2. コンピュータ制御のしくみ…………… 125
　　　（1）制御用コンピュータ………………… 125
　　　（2）センサ………………………………… 126
　　　（3）インタフェース……………………… 128
　　　（4）出力機器……………………………… 129
　　3. 栽培環境と計測・制御………………… 131
　　　（1）光環境の計測・制御………………… 131

(2) 温度・湿度環境の計測・制御 …… 132
　　(3) ガス（CO_2）環境の計測・制御 … 132
　　(4) 培養液の環境制御 ……………… 133
　　(5) コンピュータ利用の複合環境制御 … 134
　　(6) 植物工場の環境制御 …………… 135
　4. 作業の自動化 ……………………… 136
　　(1) 農業用機械 ……………………… 136
　　(2) 品質の判定 ……………………… 138
3　情報活用の広がりとシステム化 ……… 140
　1. 農業情報システムとは …………… 140
　2. 農業情報システムを支える技術 …… 143
　　(1) 広がるインターネット技術 ……… 143
　　(2) 画像解析 ………………………… 146
　　(3) インターネット・ライブカメラシステム … 148
　　(4) 地理情報システム（GIS） ……… 149
　　(5) 全地球位置測定システム（GPS） …… 150

第5章　食料・農業，地域社会の創造と情報活用　151

1　環境・資源の保全と情報活用 ………… 152
　1. この分野の情報活用の特徴 ………… 152
　2. 情報活用の実際 …………………… 152
2　生産・加工の改善と情報活用 ………… 156
　1. この分野の動向，情報の特徴と
　　　情報活用 …………………………… 156
　2. 情報提供と活用の事例 ……………… 157
3　流通・販売の変革と情報活用 ………… 159
　1. この分野の動向，情報の特徴と
　　　情報活用 …………………………… 159
　2. 情報活用の事例 …………………… 159
　　(1) 小売段階の情報活用 …………… 159
　　(2) 卸売市場の情報活用 …………… 163
　　(3) 国民生活の安定化と情報提供 …… 164
4　生活，農村・都市交流と情報活用 …… 165
　1. 農村生活と情報活用 ……………… 165
　2. 情報活用の事例 …………………… 165

索　引 ……………………………………… **169**

第 1 章
私たちの生活と情報

1 広がる情報・コンピュータ活用

1 暮らしの中の情報活用

　私たちの暮らしのなかで情報は大切な役割を果たしている。たとえば，地震，台風などについての情報は人命に関わる重要な情報であり，迅速な情報の伝達が必要である。

　これらの情報はテレビ，ラジオ，新聞，インターネットなどで人びとに伝えられる。とくに，近年発達してきたインターネットによって，世界各国の放送局や新聞社のニュースをいつでもすぐに知る（見る・聞く・読む）ことができるようになった。

　最近，急速に普及してきた，もう1つの情報の伝達手段に携帯電話がある。この携帯電話は，従来の電話機能に加えて，インターネットに接続できるようになって，さらに利用範囲が拡大している。

図 1-1　気象情報

図 1-2　携帯電話

私たちは，いま，インターネットを中心に情報通信手段が高度に発達した社会（高度情報通信社会という）に生活している。
　たとえば野菜や果物などの地域特産物でも，インターネットのホームページから注文すれば，すぐ取り寄せることができる。また，航空券の予約，海外のホテルの予約なども，いながらにしてできる。最近では，家庭から利用できるホームバンキングも普及してきた。
　このように，高度な情報通信技術は，私たちの生活を便利にしてくれるものである。しかし，その反面，新たな問題を生み出していることも見逃してはならない。
　「情報」の性格を知り，その正しい扱い方について，理解を深めておくことが大切である。

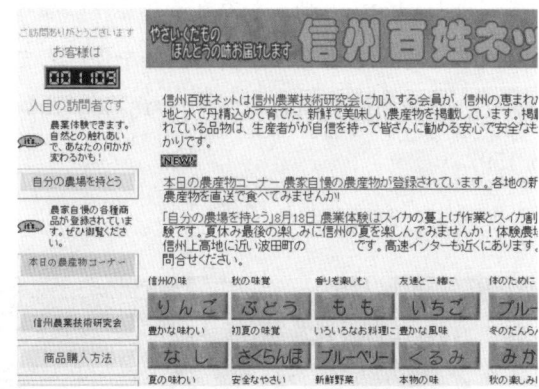

図1-3　インターネットで地域特産物を注文する

メディア

　情報を伝える手段を「メディア」という。「言葉」「図」「文字」などを運ぶものである（言葉・図・文字などがあらわす内容が「情報」である）。古代社会の粘土板や木簡もメディアの一種である。人類は「紙」を初めとして，さまざまなメディアを発明，発達させてきた。文明・科学の発達の歴史はメディアの発達の歴史ともいえる。
　新聞・ラジオ・テレビなどの，大量に情報を伝達する手段を「マス・メディア（大衆媒体）」という。このマス・メディアをさして単にメディアということもある。

1　広がる情報・コンピュータ利用

2 産業社会における情報活用

　情報通信ネットワークの普及は，産業の流通および製造分野にも大きな影響を与えている。さらに，情報通信技術を活用した新しいビジネスが創り出されている。情報を活用した産業社会の動きをみておこう。

①小売店の情報活用

　コンビニエンスストアは狭い売り場にもかかわらず，商品の品数がそろっている。これらの商品は，常に過不足のないように補充されている。このような販売ができるのは，情報通信システムが発達したからである。店舗のレジで，店員が商品のバーコードを入力すると，その情報はチェーン店本部のコンピュータに送信され，ただちに商品の発注と納入ができるしくみになっている。在庫をチェックする手間も省け，予備の商品を保存しておく倉庫も必要ないので，経費の低減ができる。このシステムをPOS❶という（➡ p.159）。

❶ POS: Point of Sales

図1-4　レジ風景

②電子商取引

インターネットを利用した通信販売などを電子商取引(EC[2])という。

❷ EC: Electronic Commerce（略して「E-コマース」などという）

電子商取引は，
①顧客に直接に商品を配送するので，流通の効率化が図れる，
②店舗が不要なので，初期投資が少なくて済む，

などの特徴がある。このような特徴を生かして，少ない資本で，世界を相手にするような新たなビジネスが生み出されている。

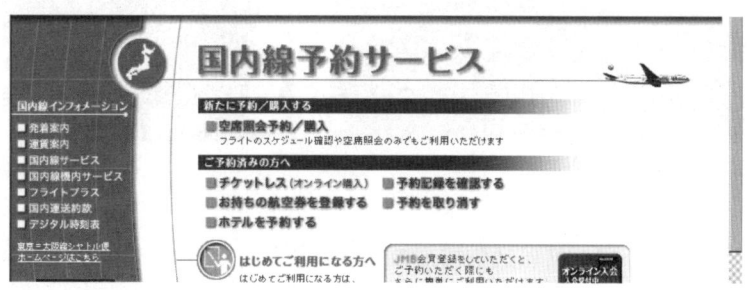

図1-5　インターネットの予約サービス

③製造業の情報活用

自動車の製造は組立て業といわれるほどに，多くの部品が必要である。それらの部品は多くの関連企業によって製造されている。大手の自動車会社では，これらの企業との間の連絡に情報通信ネットワークを活用している。いままで紙に書かれていた見積書，発注書，請求書などはすべて電子化されている。これを電子データ交換(EDI[3])という。

❸ EDI: Electronic Data Interchange

EDIによって，
①部品の調達コストが低減できる，
②在庫管理コストが低減できる，

など，取引の合理化が可能となった。

図1-6 自動車組立工場

　このように，情報通信技術の進歩は新しいビジネスを創造し，産業社会に大きな影響を与えている。

 情報の流れ

　　情報は，次のような情報処理の過程をへて創り出される。

［情報の収集］　①自然現象や社会現象から，データを収集する。

［情報の処理］　②問題意識にもとづいて，必要なデータを選択する。
　　　　　　　③データを加工・分析して，新しい情報を創り出す。
　　　　　　　④得られた情報は問題意識に適切に答えているのかどうか評価する。もし，情報の内容が満足できない場合には，①または②からふたたび取り組む。

［情報の発信］　⑤さまざまな形で情報を発信する。

図1-7　情報の流れ

3 食料・農業・農村と情報活用

　農家でのコンピュータ利用も広がっている。そのおもな利用目的は、簿記・青色申告などの経営管理部門、栽培・飼養などの生産管理部門、顧客管理などの販売事務部門、市況部門など多岐にわたっている。

　インターネットの活用も急速に増えている。インターネットによって、生産者は生の声や姿、食料の安全性についてのくわしい商品情報を低コストで伝えることができる。一方、消費者は、農産物や生産者についての情報を直接入手でき、品質のよい農産物を確実に手に入れることができる。

　このようなインターネットを利用した生産者と消費者のつながりは、農産物の販路の開拓に役立つばかりでなく、生産者と消費者との信頼関係をつくり、農村と都市との共生に役立っている。

図1-8　生産者と消費者を結ぶ

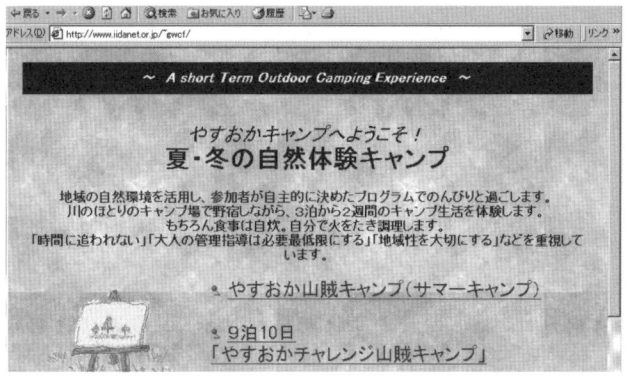

図1-9　農村と都市の共生

4 高度情報通信社会の問題点

高度情報通信社会は，新たな社会問題をも生み出している。

①コンピュータやインターネットを利用できない人が，社会生活上で，さまざまな不利益をこうむることがある[4]。

②個人の情報が流出して，悪用されることがある。
　プライバシーの侵害，クレジット・カード番号の盗用など。

③情報通信システムが複雑化しているため，コンピュータの故障やプログラムのミスなど，なんらかの理由で問題が発生したとき，その原因を究明したり，解決したりするのに膨大な時間と手間がかかる[5]。

④コンピュータ関連の犯罪が多くなってきた。
　コンピュータウイルスによる障害，ハッカー（クラッカー）による情報通信システムへの侵入（情報の改ざん・破壊），データやプログラムの不正コピーなど。

⑤携帯電話の普及により，公共の場での利用マナーが問題になっている。とくに，ペースメーカーなどの医療機器への影響も懸念される。

[4]「情報格差（ディジタル・ディバイド）」という。

[5] 2000年問題が記憶に新しい。

 著作権とその保護

インターネットを利用すれば，写真や画像，そして音楽などをかんたんに入手することができる。また，便利なソフトウェアをダウンロードして利用することもできる。しかし，このような写真・画像・音楽・ソフトウェアなど（「著作物」という）には，それを創作した人の権利（「著作権」という）があり，私たちがこれらを利用するときは，著作権を侵害してはならないということを知っておこう。

写真・絵画・音楽・文学・ソフトウェアなどの著作権は著作権法で保護されていて，著作権者の許諾なしに，コピーしたり使用したりすることが禁止されている。もし使いたい場合は，著作権者の許諾を得て，使用料を支払うことが必要である（たとえ無料であっても許諾は必要）。

ただし，個人的な使用を目的として，家庭内でコピーすることは認められている。したがって，コピーして使用する場合，この範囲を逸脱することがないよう注意しよう。

図1-10　不法コピー禁止のマーク
　　　　（ソフトウェア法的保護監視機構）

このような問題への対策としては，情報通信システムの安全性と信頼性を高める技術の開発が不可欠である。さらに，私たち一人一人が，個人情報の保護，著作権の尊重，情報モラルなどについて理解を深め，利用者としての責任と義務を果たすことがなによりも大切である。

図1-11　携帯電話のマナー

5 問題解決とコンピュータ利用

　食料，農業，農村に関わって働く人びとの生活と産業活動では，複雑な情報の出入りがあって，それぞれの立場での生産活動や流通消費の流れを遂行するためには，きわめて多くの情報収集と情報判断をおこなう。そして，こんにちでは農業に関する情報が量的にも膨大になってきて，しかも個人が自分の責任において自己決定することが多くなってきている。これからも1つ1つの場面での自己決定，あるいは自分の判断による問題解決の方法はたいへん重要な能力として身につけなければならない。

　こうした問題解決において，コンピュータを活用した科学的な分析，またはコンピュータを利用した広い範囲の情報をもとにした判断などはぜひとも個人の新しい能力として身につけていきた

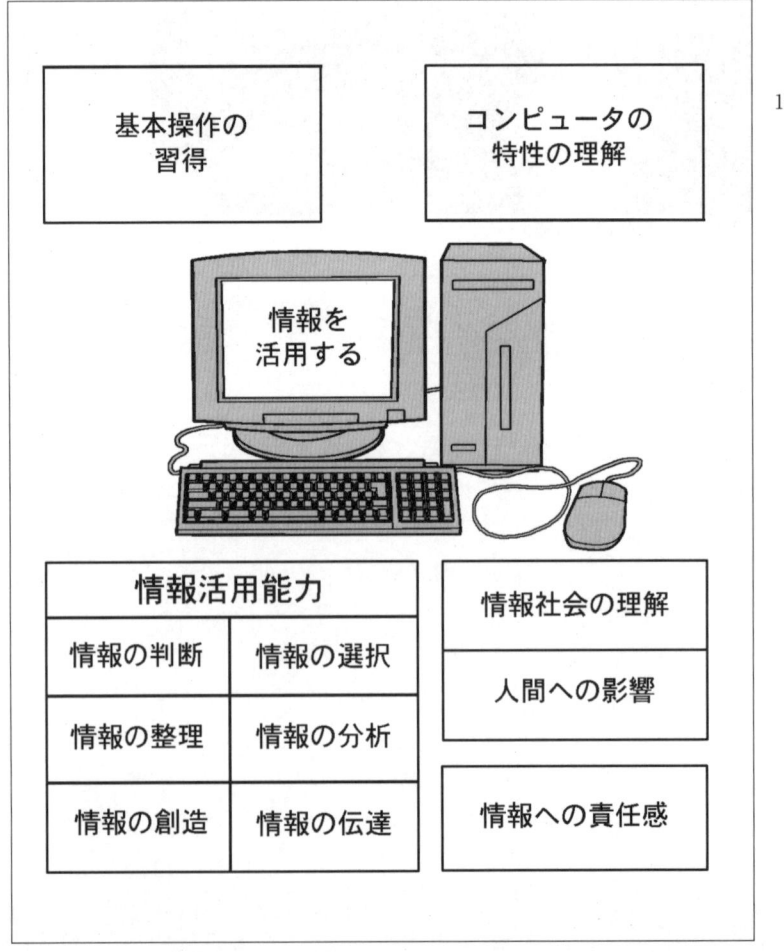

図1-12　情報活用能力

い。
　コンピュータを使って農業情報を収集，整理したり，情報の重要性を判断したり，情報を伝達したりしていく新しい情報技術を使っていく能力は，これからの農業・農村の担い手の重要な能力となる。またこの能力は，食料供給や産業活動の分野で働く人の基礎的な能力としても重要である。しっかり学習して，情報活用の意義と考え方，そして情報社会への態度などを身につけよう。

第2章
情報・コンピュータ活用の基礎

第2章

1 コンピュータのしくみ

1 いろいろなコンピュータ

　世界で最初の真空管を用いた汎用性のあるコンピュータは，1946年にアメリカのペンシルバニア大学で開発されたENIAC❶といわれている（図2-1）。このコンピュータは真空管を18,000本使い，重量30tという巨大なものであったが，プログラムを記憶する能力はなく，計算手順にあわせて配線をかえるというものだった。

　これより先，1945年にアメリカの数学者フォン・ノイマンは，プログラムをコンピュータに記憶させて動かすプログラム内蔵方式というアイデアを発表していた。この方式のコンピュータは，1949年になってはじめて実現し，現在まで，ほとんどのコンピュータに採用されており，ノイマン型コンピュータとよばれている。

　コンピュータは，1965年にIC❷が使われるようになって急速に発達した。

❶ ENIAC:「エニアック」とよばれる。弾道計算などの軍事目的に開発された。

❷ IC: Integrated Circuit
　集積回路。小さなシリコンの板（数ミリ四方）に，さまざまな回路を組み込んだもの。

図2-1　エニアック

半導体技術の発達にともなって，このICの集積度（1つのシリコンの板に組み込める回路素子の数）が大きくなり，LSI[3]といわれるものも開発された。この集積度が大きくなることが，現在にいたるコンピュータの飛躍的な発達の大きな原動力となっている（図2-2）。

　1971年末に，コンピュータの中心的機能を，1つのICに組み込んだ「マイクロプロセッサ」が開発された。これによって，コンピュータの小型化が，さらに進められ，個人使用を目的とした「パーソナルコンピュータ」が登場した。現在のような形のパーソナルコンピュータは，1979年にはじめて発売されている。

[3] LSI: Large Scale Integration 大規模集積回路

図2-2　LSI

 ## コンピュータの種類

　コンピュータを，大きさや使用目的にそって分類してみると，次のようになる。

　①スーパーコンピュータ
　1秒間に数十億回という超高速で数値計算をおこなうように設計されている。専門研究分野で使用されている。

　②汎用コンピュータ
　「汎用」とは，「はば広く用いられる」という意味。科学技術分野にも，また一般事務にも使えるようにつくられている。大きさによって，大型・中型・小型というように分類することが多い。
　小型汎用コンピュータは事務処理用に使われることが多く，とくに「オフィスコンピュータ」ともよばれる。

　③パーソナルコンピュータ（パソコン）
　個人使用を目的とする小型汎用コンピュータ。机の上で使用する「デスクトップ型」，ひざの上で使えるという意味の「ラップトップ型」，ノートサイズの「ノートブック型」などがある。さらに，近年は手帳サイズのものも普及している。

　④マイクロコンピュータ
　電気製品やロボットなどに組み込まれている。「汎用コンピュータ」に対しては「専用コンピュータ」になる。

2 コンピュータの基本構成——5つの機能と装置

コンピュータは，次のような機能をもつ装置からなっている。

入力 コンピュータは人間がプログラムやデータを与えて，はじめて仕事をすることができる。このプログラムやデータを与えることを「入力」といい，そのための装置を「入力装置」という。

制御 入力装置から与えられたプログラムを解読したり，他の装置とのデータのやりとりをコントロールすることを「制御」という。

演算 加減乗除などの数学的計算や，論理演算，比較判断などをするはたらきを「演算」という。

●制御と演算が，コンピュータの中心部で，ふつう1つの集積回路に組み込まれている。これを「中央処理装置[4]」という。

記憶 与えられた命令やデータ，あるいは演算結果などを保存しておくことを「記憶」という。記憶装置には次の2つの種類がある。

①主記憶装置 「中央処理装置」が各種の仕事をするとき，直接データのやりとりをするもの。「内部記憶装置」ともいう。

②補助記憶装置 データやプログラムなどを保存しておくもの。「外部記憶装置」ともいう。補助記憶装置の内容は，プログラム実行時に主記憶装置に読み込まれて使われる。

出力 命令やデータ，あるいは処理の結果を表示することを「出力」といい，出力のための装置を「出力装置」という。

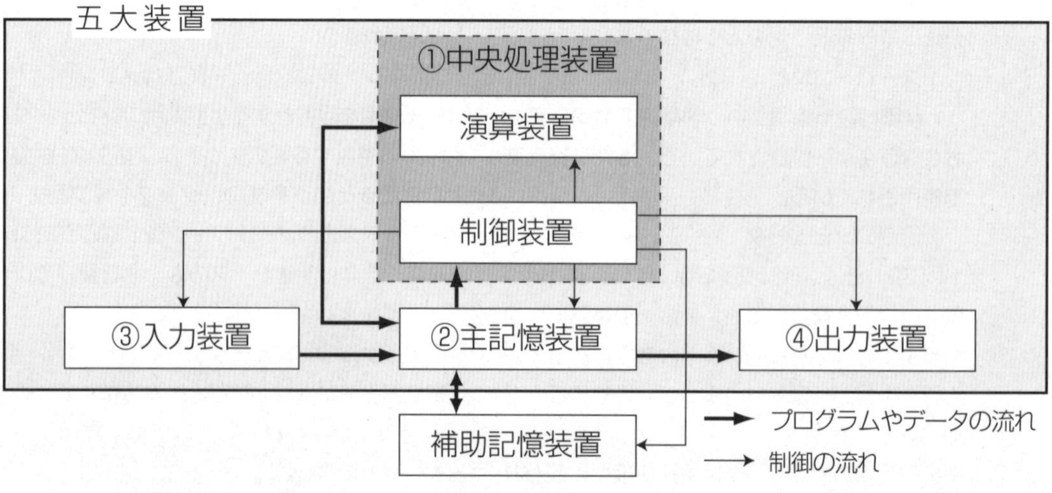

[4] 中央処理装置（CPU: Central Processing Unit）

図2-3 5つの装置とデータの流れ

3 パーソナルコンピュータの構成と装置

パーソナルコンピュータは，一般的に図2-4にみられるような構成になっている。本体には，中央処理装置のほか，主記憶装置，補助記憶装置などが内蔵されている。

（1）コンピュータ本体

コンピュータの本体には次のような装置がはいっている。

①**中央処理装置（CPU）**　パソコンの，いわば「脳」にあたる部分。CPUの処理速度はHz（ヘルツ）であらわされ，一般には，この数字が大きいほうが処理能力が大きい。

②**主記憶装置**❺　メモリ容量が大きいほうがパソコンの処理性能が高い。

❺「メインメモリ」あるいは単にメモリともいう。

③**ハードディスク**（固定磁気ディスク装置）　補助記憶装置の一種。プログラムやデータを保存しておくために利用する。近年では数GB（ギガバイト）以上のものが使われている（図2-5）。

図2-4　パーソナルコンピュータ

バイト

「バイト」は情報量をあらわす単位。Bと表記する。1Bは半角のアルファベットや数字の1文字分。漢字や全角のかな・記号などは2Bである。K（キロ），M（メガ），G（ギガ），T（テラ）は，単位名につけて，その大きさをあらわす。

1KB（キロバイト）　＝　1,024B
1MB（メガバイト）　＝　1,024KB
1GB（ギガバイト）　＝　1,024MB
1TB（テラバイト）　＝　1,024GB

④**フロッピーディスク・ドライブ** フロッピーディスク（FD）（図2-6）を挿入し，プログラムやデータを保存する補助記憶装置である。フロッピーディスクは直径が3.5インチ❻で，記憶容量が約1.4MBのものが現在多く使われている。

❻ 1インチ＝2.54cm。

⑤**CD-ROM**❼**ドライブ** CD-ROMディスク（図2-6）を再生する装置。レーザー光により記録内容を読み込む。CD-ROMは約600〜800MBの記憶容量がある。通常はデータを読み込むことしかできないが，書き込みもできるCD-R/Wというものも利用されている。また，同じサイズでさらに大容量のDVD-ROMも普及してきている。

❼「シーディー・ロム」と読む。

⑥**MOドライブ** MOディスク（光磁気ディスク）（図2-6）を利用する装置。レーザー光線と磁気によってデータを読み書きする。MOディスクはフロッピーディスクに比べて記憶容量が大きいので，大容量のデータの持ち運びに使われている。230〜640MBのものが多いが，1GBをこえるものもある。

●ハードディスク，フロッピーディスク・ドライブ，CD-ROMドライブ，MOドライブなどは「補助記憶装置」になる。ハードディスクやMOドライブなどは，外付け型のものも普及している。

(2) 入力装置

①**キーボード** 人間の手で文字キーや数字キーを打って，CPUに命令やデータを与える入力装置の一種❽。

❽キーの配列はp.31参照。

②**マウス** マウスを平面上で移動させると，下部についている

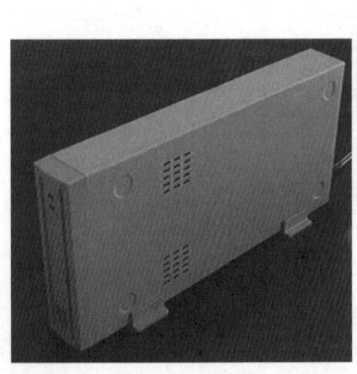

図2-5 ハードディスク　　図2-6 フロッピーディスク（左），CD-ROM（中央），MO（右）

ボールが回転し，その回転にあわせて，画面上の位置を示すマウスカーソルが移動する。このマウスカーソルを画面のメニューや実行を示す位置にあわせてボタンを押す（この操作をクリックという）と命令が実行される（➡ p.27 囲み）。
形がネズミに似ているので，この名前がついた。

③**イメージスキャナ**　写真や絵，図形，イラストなどの画像をデータとして入力する装置。読み取る画像に光をあて，その反射光の強弱をセンサで読み取る（図2-7）。

④**ディジタル・カメラ，ディジタル・ビデオ**　ディジタル方式のカメラやビデオは画像や音声の入力装置として活用されるようになった。(➡ p.63)

⑤**その他の入力装置**　平面上の位置を検出して図形などを入力するデジタイザ（タブレット），OCR[9]（光学式文字読み取り装置），OMR[10]（光学式マーク読み取り装置），バーコードリーダなどがある。音声入力装置も実用化されつつある。

[9] OCR: Optical Character Reader
[10] OMR: Optical Mark Reader

(3) 出力機器

①**ディスプレイ**　画面に文字や図形を表示する出力装置。CRTディスプレイ[11]，液晶ディスプレイなどがある

[11] CRT: Cathode-ray Tube（ブラウン管）

②**プリンタ**　用紙に印刷する出力装置（図2-8）。
きわめて細い管からインクを吹き付けて印刷する方式のインクジェットプリンタやレーザー光線で像をつくり，トナー（粉末のインク）を利用して用紙にこの像を焼き付けて印刷する方式のレーザープリンタなどが普及している。

③**スピーカ**　再生した音声データを出力する装置。

図2-7　イメージスキャナ

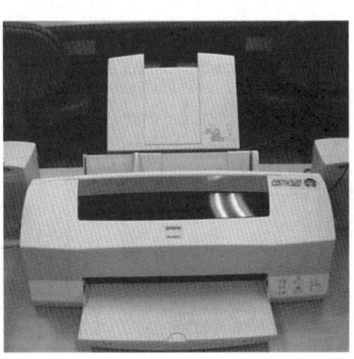
図2-8　プリンタ

第2章 ソフトウェアの機能と種類

1 ソフトウェアとは

　コンピュータになんらかの作業をさせるためには，フロッピーディスクや，キーボードなどの入力装置から，一連の命令を与えることが必要である。この一連の命令をまとめたものをプログラムという。

●コンピュータの装置を「ハードウェア」というのに対して，プログラム類を総称して「ソフトウェア」という。

　1つの仕事をコンピュータに実行させるだけでも，非常に数多くの種類のプログラムが必要である。どのようなプログラムにも必要になる基本部分をまとめた専用のプログラムが「オペレーティングシステム」（OS❶）あるいは「基本ソフトウェア」である。

　オペレーティングシステムとは「プログラムの実行を管理するソフトウェア」というような意味である。このオペレーティングシステムを土台として，たとえば「文書をつくる」，「計算をする」，「会計処理をする」というような，専用のプログラムがつくられる。

●これらの専用のプログラムを「応用ソフトウェア」あるいは「アプリケーションソフトウェア」という。

❶ OS: Operating System

図2-9　ハードウェアとソフトウェア

2 オペレーティングシステム

　オペレーティングシステム（基本ソフトウェア）は，次のような役割を果たしている。

　①各装置間の連絡をする　CPU（中央処理装置）と記憶装置，ディスプレイ，キーボード，プリンタなど各装置のあいだでおこなわれる命令やデータのやりとりを指示し，監督する。

　②応用ソフトウェアとコンピュータとの仲立ちをする　応用ソフトウェアは，コンピュータの各装置に直接はたらきかけるのではなく，オペレーティングシステムにはたらきかける。これにもとづいてオペレーティングシステムが各装置にはたらきかける。命令が実行されると，今度は，その結果がオペレーティングシステムに報告される。オペレーティングシステムはディスプレイやプリンタなどに指示を出して，その結果を表示させる。

図2-10　オペレーティングシステム（OS）が起動された画面

3 応用ソフトウェア

応用ソフトウェアは，目的に応じて，さまざまなものがあるが，次のような種類に分けられる。

①**文書処理用ソフトウェア** 文章の作成，編集，印刷をするためのソフトウェア。ワードプロセッサ❷（略してワープロ）とよばれている。日本語用のワープロソフトには「漢字」を処理するための「かな漢字変換」（→ p.32）ソフトが組み込まれている。

②**表計算ソフトウェア** 表の形式で文字，数値，式などを入力し，各種の計算をするためのソフトウェア。入力された数値をもとに，各種のグラフを表示する機能をもつものが多い。

③**描画ソフトウェア** ディスプレイ上で絵や図形を描いたり（コンピュータグラフィックス），スキャナから読み込んだ画像を処理したりするためのソフトウェア。

④**データベース・ソフトウェア** 多くのデータを整理し，効率的に管理するためのソフトウェア。データの登録，追加，修正，削除，検索，並べかえなどがかんたんにできる。

⑤**プレゼンテーション・ソフトウェア** プロジェクト発表や商品説明などをおこなうためのソフトウェア。OHPやスライドの機能に加え，音声や動画を加えてパソコン画面で表現できる（→ p.68）。

❷英語で，文書を処理することを word processing，文書処理用ソフトウェアを Word Processor という。

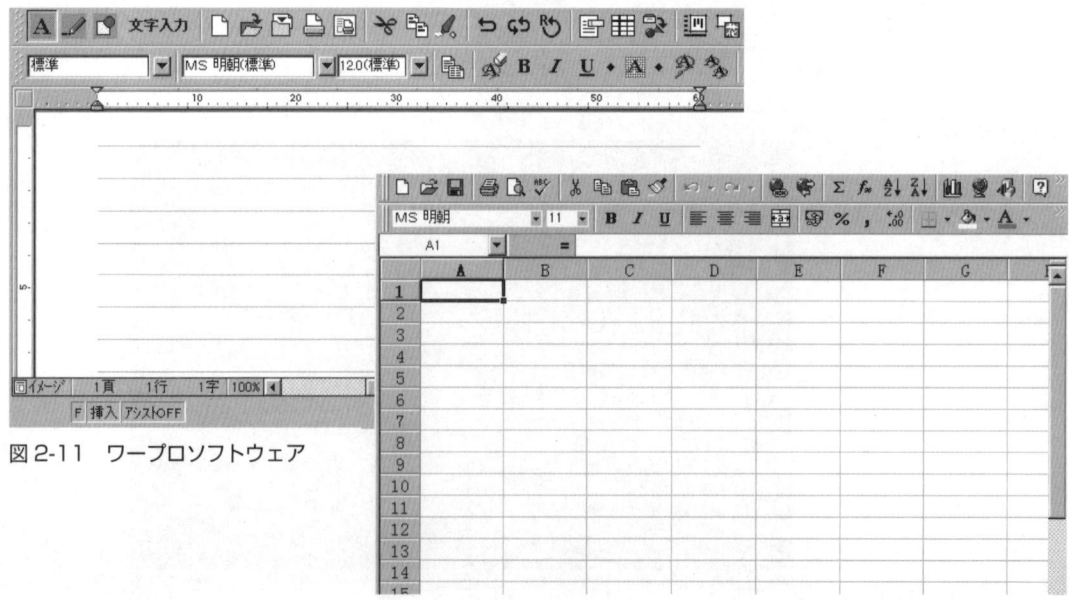

図2-11 ワープロソフトウェア

図2-12 表計算ソフトウェア

⑥**通信用ソフトウェア**　インターネットで通信をおこなうためのソフトウェア類。電子メールを送受信するためのソフトウェア，ホームページを閲覧するためのソフトウェア（「Webブラウザ」（→ p.80）という）などがある。

⑦**その他のソフトウェア**

・動画ソフトウェア
　動画の編集加工をおこなうソフトウェア。
・音楽ソフトウェア
　ディジタル音声を編集加工するソフトウェア，コンピュータや電子楽器でおこなう演奏をMIDIという規格でデータ化するソフトウェア（シーケンサー）などがある。
・設計図作成用ソフトウェア
　建築，機械設計やデザインなどの設計図を作成するソフトウェア。
・事務処理用ソフトウェア
　会社経理や給与計算，在庫管理や販売管理などの事務処理をするためのソフトウェア。
・教育・学習用ソフトウェア
・ゲーム用ソフトウェア

図2-13　応用ソフトウェアの種類

第2章

3 マルチメディア

1 コンピュータが扱うデータ

　前項のアプリケーションソフトウェアでみたように，コンピュータは文字や数値ばかりでなく，画像や図形，さらに音声も処理することができる。これは，画像や音声などの情報をディジタル信号におきかえる（ディジタル化➡囲み）技術によっている。

　近年，このディジタル化技術とコンピュータ性能の向上によって，文字・数値，画像，音声などをコンピュータ上で統合的に扱うことが可能となり，新たな情報伝達の形態が生み出されてきた。これをマルチメディア❶という。

　マルチメディアはさらに通信技術の発達とあいまって，現代社会に情報通信革命（IT❷革命）を引き起こしている。

❶マルチメディア：Multimedia

❷IT: Information Technology
　情報技術

ディジタル化

　音声の高低・強弱や画像の濃淡のように連続的に変化する信号を「アナログ信号」という。これに対して，整数（あるいは有限桁の）数値の配列であらわしたものを「ディジタル信号」という。

　コンピュータが処理できるのは0と1の2進数の信号である。したがって，ある情報を数値化（ディジタル化）し，それを2進数であらわせば，コンピュータで扱うことができる。

　音声の場合は録音された電気信号の波形を数値化する。画像の場合は平面をこまかな格子状の点に分割して，各点の色や濃淡を数値化する。

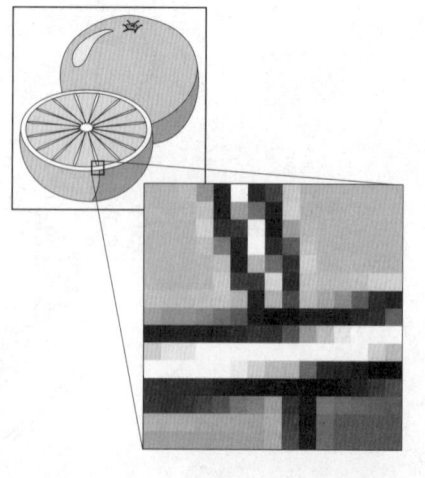

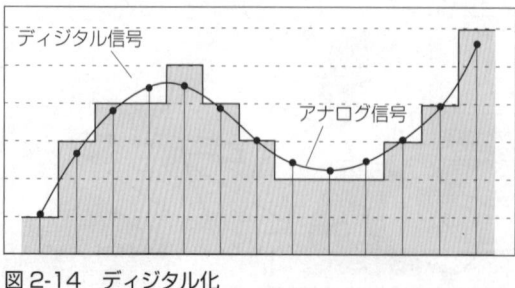

図2-14　ディジタル化

2 マルチメディアの特徴

　マルチメディアとマルチメディアを使った情報通信には，次のような特徴と利点がある。

1. 双方向コミュニケーションが可能
2. 高品位である
3. 情報の加工が容易である
4. 情報の劣化がない

　　など。

　このような特徴をもったマルチメディアは，ビデオゲームから，インターネットテレビ，テレビ会議システムなど，私たちの生活のあらゆる分野で用いられている。また，遠隔教育・遠隔医療などが，これから，ますます発達することが予想される。

図2-15　マルチメディアの特徴

第2章 4 パーソナルコンピュータの基本操作

1 パーソナルコンピュータの起動と終了

起動 電源を入れると，まず，組み込まれているオペレーティングシステム（OS）が自動的に起動する（→ p.21）。オペレーティングシステムは必要なプログラムをハードディスクから読み込み，パソコンが使える状態に設定する❶。

終了 終了する場合は，メニューから［終了］を選び，［OK］をクリックするか［実行キー］を押す（→ p.27 囲み）。

［終了］が実行されると，オペレーティングシステムは，保存しておく必要のある情報をハードディスクに書き込んだのち，自動的に終了する。

❶オペレーティングシステムが起動されると，まず接続されている機器をチェックする。このとき，接続機器に電源がはいっていないと，認識できないので，接続機器の電源を入れたのちに，パソコン本体の電源を入れるようにする。

図2-16 オペレーティングシステム（OS）画面

2 ファイルの管理

ファイル コンピュータやソフトウェアを使いこなすためには，「ファイル」について，よく理解しておくことが大切である。「ファイル」とはコンピュータで扱うデータのひとまとまりのことで，たとえば，ワープロソフトで作成した文書や表計算ソフトで作成した表などは，コンピュータ上では，すべて「ファイル」として扱われる。

フォルダ ハードディスクやフロッピーディスクなどにファイルをまとめて保存するときの保存場所を「フォルダ」という。フォルダにはわかりやすい名前をつけて，ファイルの管理をしやすくする。

フォルダの中に，さらにフォルダを保存することもできるので，ファイルを分類して管理することができる（➡ p. 29 囲み）。

メニューの選択と実行

・作業内容を指示する2つの方法
　①メニュー方式
　　作業内容を示した一覧表（メニュー）から［矢印キー］またはマウスで選ぶ
　②アイコン方式
　　それぞれの作業内容を絵柄にあらわしたもの（アイコンという）をマウスで選ぶ

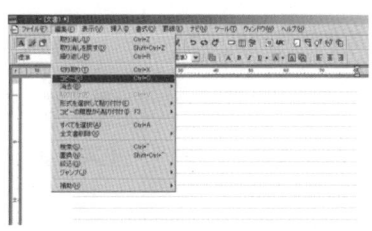
図2-17　プルダウンメニュー

・実行させる2つの方法
　①マウスをクリックする。
　　マウスのボタンを押す（クリックする）。2回続けて押す（ダブルクリックという）ことがある。
　②キーボードの［実行キー］（［Enterキー］）を押す。

（注意）どちらの方法でもさしつかえない。この教科書では「メニューを選択し実行する」という言い方で統一している。

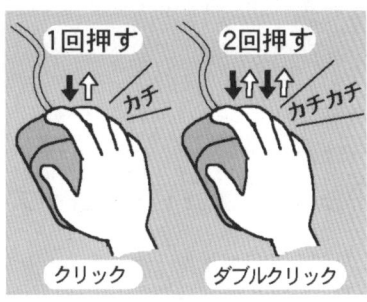
図2-18　クリックとダブルクリック

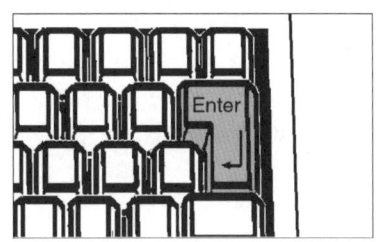
図2-19　実行キー（Enterキー）

演習 1 フォルダやファイルを操作してみよう。

[手順]

（ステップ１）ファイルやフォルダをあける

ファイルやフォルダを選択し実行する（マウスの場合はダブルクリックする）

（ステップ２）新しいフォルダの作成

①メニューから［新規作成］→［フォルダ］を選び実行する。

②「フォルダ名」を入力する

（ステップ３）ファイルやフォルダの移動[2]

①ファイル（またはフォルダ）を選択し，メニューから［移動］を選ぶ。

②移動先のフォルダを選択し，実行する。

（ステップ４）ファイルやフォルダのコピー

①ファイル（またはフォルダ）を選択し，メニューから［コピー］を選ぶ。

②コピー先のフォルダを選択し，［貼り付け］を実行する。

（ステップ５）ファイルやフォルダの削除

ファイル（またはフォルダ）を選択し，メニューから［削除］を選び実行する[3]。

[2] マウスでアイコンを引っぱるようにして移動する方法もある（→ 囲み）。

[3] フォルダを削除すると中のファイルも一緒に削除されるので注意が必要である。

ドラッグ・アンド・ドロップ

マウスでファイル（またはフォルダ）を選択し，ボタンを押したまま移動する（ドラッグする）と，ファイル（フォルダ）のアイコンもいっしょに移動する。

移動先のフォルダの中でボタンを離す（ドロップする）と，その位置にファイル（フォルダ）が移動する。

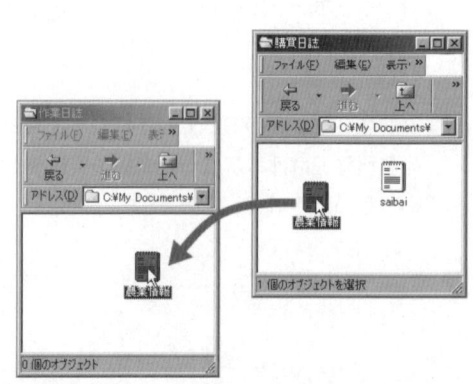

図2-20 ドラッグ・アンド・ドロップ

ファイルとフォルダ

そもそもは,「ファイル」とは文書をとじたもの,「フォルダ」とは厚紙などでつくられた「入れ物」のことであるが,コンピュータでも同じ用語が使われている。

画面のフォルダやファイルの絵は,コンピュータを使用する人(ユーザ)がイメージしやすいようにイラスト化して表示してある(「アイコン」という(図2-21))だけで,実際にそのようなものがハードディスク内につくられているわけではない。したがって使い慣れている人や全体を俯瞰したい場合には,簡潔な表示を選択することもできる(図2-22)。

図2-21　フォルダとファイル

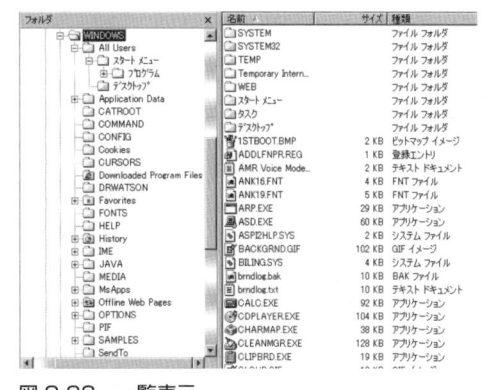

図2-22　一覧表示

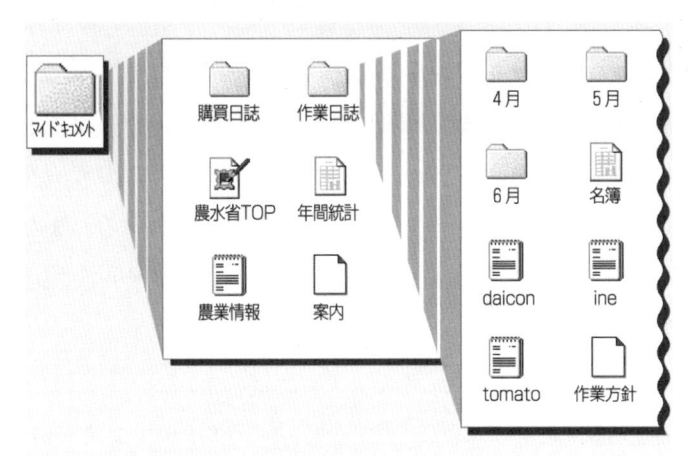

※フォルダの中にフォルダを入れ,さらにそれをフォルダに入れるというように,何階層にもフォルダをつくることができる。このようなデータの構造を「階層構造」という。また,縦にすると木をさかさにしたかたちになるので「木構造(ツリー構造)」ともいう。

図2-23　フォルダとファイルの関連図

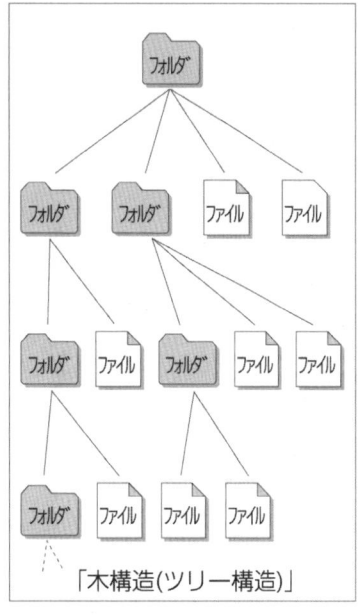

第2章
5 ワードプロセッサの活用
――文字情報の処理

■1 ワードプロセッサの機能と特徴

ワードプロセッサ（ワープロ）とは，文書の作成，編集および印刷用につくられたソフトウェアのことである[❶]（→ p.22）。

文章の入力は，表計算やデータベースなどのソフトウェアを活用するうえで必要である。これからコンピュータを活用するために，まずワードプロセッサを使いこなせるようになろう。

ワードプロセッサには，次のような5つの基本機能がある。
① 入力機能（書く）
② 編集機能（編集をする）
③ 印刷機能（出力をする）
④ 保存機能（記録をする）
⑤ 再生機能（読み込みをする）

[❶] わが国では，かな漢字変換機能を組み込んだワードプロセッサ専用のコンピュータが開発され普及したので，これを「ワープロ」ということが多い。

■2 ワードプロセッサの基本操作

ワードプロセッサを起動すると，図2-25のような画面になる。

この画面が，文字を書く用紙にあたる。画面にはカーソルが表示されている。キーボードから入力された文字は，このカーソルの位置に書き込まれ，カーソルは文字に従って移動する。また，カーソルは，マウスまたは[カーソルキー]（矢印キー）を使って任意の位置に移動させることができる（→囲み）。

マウスカーソルと文字カーソル

文字の入力画面でマウスを移動させると，文字を入力するカーソルとは別に，マウスカーソルが移動する。マウスカーソルを任意の位置でクリックすると，文字カーソルがクリックした位置に移動する。

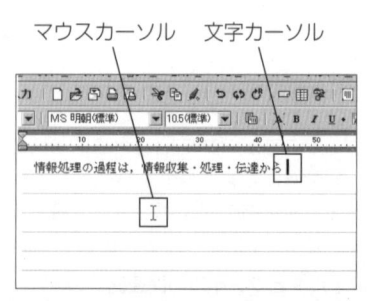

図2-24　文字カーソルとマウスカーソル

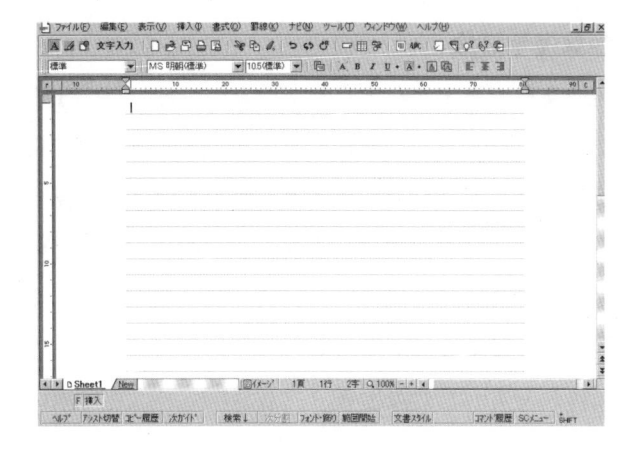

図 2-25　ワードプロセッサの初期画面

(1) 文字の入力

　日本語をキーボードから入力する場合❷，ローマ字で入力する方法（ローマ字入力）と，かなで入力する方法（かな入力）がある。

　①**ローマ字入力**　キー上に書かれているアルファベット（図 2-26）に従ってローマ字で入力する。入力されたローマ字は，[変換キー]を押すと画面上では自動的にかなと漢字に変換される。

❷キーボードから文字を入力するのに「挿入モード」と「上書きモード」の2つがある。「挿入モード」は，カーソルの位置に文字が挿入され，カーソルの位置にあった文字が，順次うしろに下がっていく。「上書きモード」は，カーソルの位置に文字が上書きされ，もとの文字は消えてしまう。

図 2-26　キーボード（アルファベットの配列）

　②**かな入力**　キー上に書かれている「かな」（図 2-27）に従って入力する。かなのキー配列は JIS 規格によって定められたものが一般的であるが，独自の配列のものも使われている。

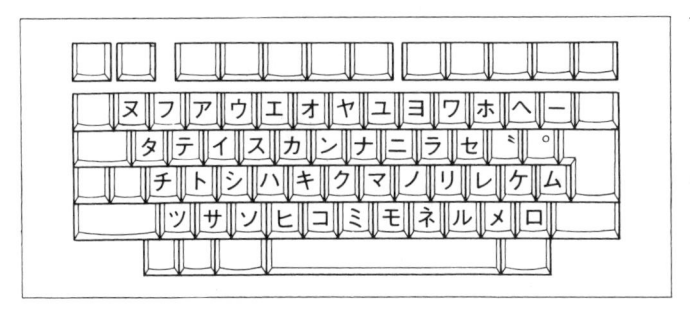

図 2-27　キーボード（かなの配列）

5　ワードプロセッサの活用

(2) かな漢字変換

　日本語の文章（漢字かなまじり文）をつくるには，まずローマ字かなで読みを入力し，それを漢字かなまじり文に変換する。そのために，ワードプロセッサには，かなを漢字に変換するためのソフトウェア（日本語フロントエンドプロセッサ❸という）が組み込まれている。

❸ Front End Prosessor (＝FEP)

演習 1 かな漢字変換に慣れよう

(1)「過程」と入力してみよう。

> **[手順]**
> ①「かてい」と入力し，[変換キー]（スペースキー）を押す。
> ②何度か[変換キー]を押すと，いくつかの候補が出てくる。
> ③候補のなかから「過程」を選び，[確定キー]（[Enter キー]）を押して確定する❹。

❹ [Enterキー]を押さずに，続けて文字を入力しても確定できる。

(2)「情報処理の過程は，情報の収集・処理・伝達からなっている。」という文をつくってみよう。

> **[手順]**
> ①「じょうほうしょりの」と入力し，[変換キー]を押し，確定する。
> ②「かていは，」と入力し，変換する❺。
> ③「じょうほうの」「しゅうしゅう・」「しょり・」と区切ってそれぞれ入力し，変換していく。
> ④「でんたつからなっている。」と入力し，変換する❻。

❺「……は」はHAと入力する（WAではない）。

❻「ん」は，NNと入力してもよい。次に母音がくるときはNNと入力しないと「ん」にならない。「なって」はNATTEと入力する（「っ」の次に入力する子音のキーを2回押す）。

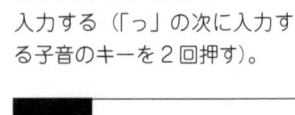

かな漢字変換

　かな漢字変換用ソフトは，読みに対応する語・句の辞書を内蔵していて，[変換キー]を押すと，その辞書から同じ読み（同音）の語句一覧を表示する（図2-28）。使いたい語句がその辞書にない場合は，登録する機能がついている。

図2-28　かな漢字変換

(3) 文書の印刷

文書を印刷するためには，印刷書式（文書スタイル，ページ設定など）をあらかじめ指定する（図 2-29）。

演習 2 演習 1 で作成した文書を印刷してみよう。

┌─ 手順 ─────────────────────────────
│ ①メニューから「文書スタイル（ページ設定）」を選択する
│   (➡ p. 27 囲み)。
│ ②画面の指示に従って，用紙の大きさ，1 行の文字数，1 ページの行数，文字方向（横書きまたは縦書き），印刷部数，ページ番号のつけ方などの各項目を入力するか，選択する。
│ ③レイアウト表示機能❼があれば，その機能を使って全体の体裁を確認する。
│ ④メニューから［印刷］を選び，印刷設定画面で印刷部数，ページ番号，印刷開始ページなどを設定する。
│ ⑤印刷を実行させる。
└─────────────────────────────────

❼「印刷プレビュー」ともいう。

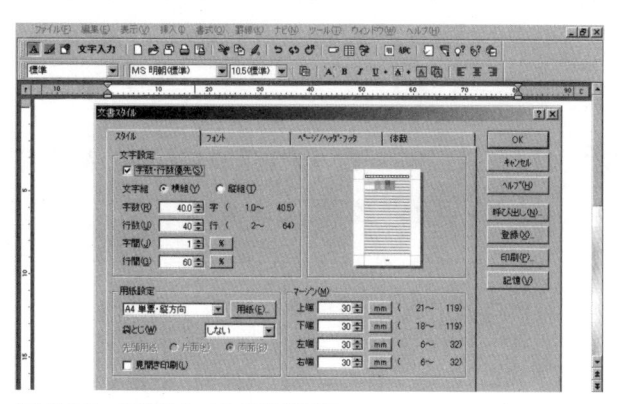

図 2-29　文書スタイルの設定画面

入力まちがいの訂正

（1）カーソルのすぐ前の文字を訂正するとき
　①［後退キー］（［Back Space キー］）を押すと，カーソルが 1 文字分前に移動して文字を消す。
　②正しい文字を入力する。

（2）何文字か前の文字を訂正するとき
　①カーソルを訂正する文字の上にあわせる。
　②［削除キー］（［Delete キー］）を押す（挿入モードの場合）。
　③正しい文字を入力し,［Enter キー］を押す。

5　ワードプロセッサの活用

(4) 文書の保存

キーボードから入力した文書は，メインメモリの中にある。メインメモリのデータは電源が切れると消えてしまうので，文書を保存したいときは，フロッピーディスクやハードディスクなどに保存しなければならない[8]。

❽ファイルがフロッピーディスクやハードディスクにコピーされても，元の文書は電源を切らなければ，メインメモリにそのまま残っている。

演習 3 演習1で入力した文をフロッピーディスクに保存してみよう。

- 手順 -
①メニューから［ファイル］→［名前をつけて保存］を選択する。
②ファイル名を入力する。
③保存を実行する[9]。

❾編集した文書の保存はp.37囲み参照。

(5) 文書の読み込み

フロッピーディスクやハードディスクに保存した文書を再度画面に表示させ，文章を書き換えたり，追加したりすることができる。

演習 4 演習3でフロッピーディスクに保存した文書を読み込んで，画面に表示してみよう。

- 手順 -
①文書が保存されているフロッピーディスクをディスクドライブに挿入する。
②メニューから［ファイル］→［開く］を選択する。
③フロッピーディスクドライブを選択する。
④フロッピーディスクに保存されているファイルの，ファイル名一覧が画面に表示されるので，よび出したいファイル名を選択し，実行する。

3 文書の編集

ワードプロセッサは，文章を編集するのに便利な，さまざまな機能を持っている。ここでは，それらのうち最も基本的な4つの機能（挿入・削除・複写・移動）を学ぼう。

（1）挿入

すでに入力した文の途中に文字を入力することである。入力は挿入モード（→ p.31）でおこなう。

演習 5 次の文の「道具」の前に，「大切な」という文字を挿入してみよう。

> コンピュータは，高価ではあるが，知的生産のための道具である。

手順
① ワープロの入力方式を挿入モードにしておく。
② 文字を挿入する位置にカーソルをあわせる。
③「大切な」と入力し，[Enterキー] を押す。

> コンピュータは，高価ではあるが，知的生産のための大切な道具である。

（2）文字の削除

入力した文の一部を削除する。

演習 6 次の文の〔　　〕部分を削除してみよう。

> コンピュータは，〔高価ではあるが，〕知的生産のための大切な道具である。

> 〔手順〕
> ①削除する文字の範囲を指定（➡囲み）する。
> ②［削除キー］（［Delete キー］）を押す。あるいは，メニューから［編集］→「削除」を選ぶ❿。

❿削除する文字が少ない場合は次の手順でもよい。
　①削除する文字の先頭にカーソルをあわせる。
　②削除する文字数だけ［削除キー］を押す。

コンピュータは，知的生産のための大切な道具である。

（3）文字の複写（コピー）

文の一部分を複写（コピー）して他の位置に貼り付ける。

演習 7 次の文の〔　　　〕部分をコピーしてみよう。

コンピュータは知的生産のための〔大切な道具である。〕

> 〔手順〕
> ①複写する文字の範囲を指定する。
> ②メニューから［編集］→［コピー］を選択する。
> ③複写する場所にカーソルを移動し，メニューから［編集］→［貼り付け］を選択する。

👉 範囲指定

いろいろなソフトウェアを使ううえで，範囲を指定することが非常に多いので，よく覚えておこう。範囲の先頭にマウスカーソルをあわせ，クリックしたまま，範囲の最後までマウスカーソルを移動する。ふつう，範囲指定された部分は文字が反転表示（地が黒，文字が白）される。

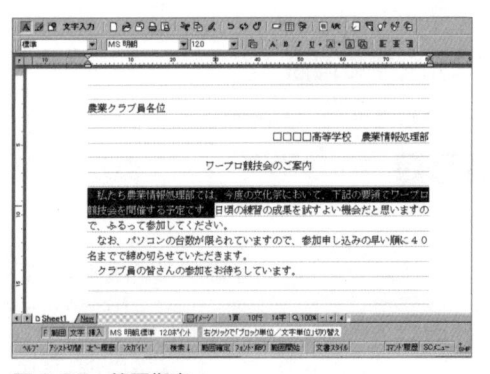

図2-30　範囲指定

コンピュータは知的生産のための大切な道具である。大切な道具である。

(4) 移動

文書の一部を別の場所に移動する。操作方法は，複写と同じであるが，移動の場合ではもとの文字はなくなる。

演習 8 次の文の〔　　〕部分を，文章の先頭に移動してみよう。

コンピュータは，〔知的生産のための〕大切な道具である。

手順

①移動する文字の範囲を指定する。

②メニューから［編集］→［切り取り］を選択する❶。

③移動する先にカーソルをあわせ，メニューから［編集］→［貼り付け］を選択する。

---

❶ドラッグ・アンド・ドロップで移動することもできる。
（➡ p.28）

知的生産のためのコンピュータは，大切な道具である。

編集した文書の保存

編集を終了し文書を保存するとき，2つの方法がある。

(1) 上書き保存

ディスクにあるもとの文書を破棄し，編集した文書におきかえる。

(2) 名前をつけて保存

ディスクにあるもとの文書はそのまま残し，編集した文書を新しい文書として保存する。新しい文書には別のファイル名をつける。

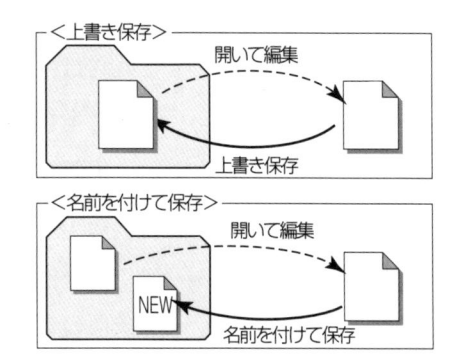

図2-31 「上書き保存」と「名前をつけて保存」

5　ワードプロセッサの活用

4 体裁をととのえる編集

(1) けい線を引く

　表をつくったり，文字を囲んだりするなど，けい線は編集作業の大切な機能である。ワードプロセッサでは何種類かのけい線を選ぶことができる。

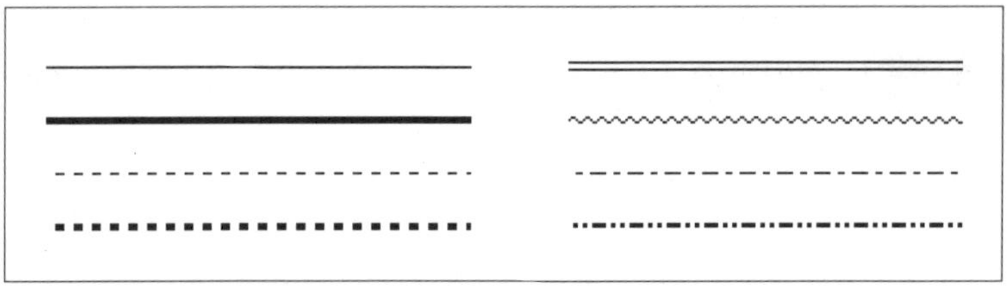

図 2-32　けい線の種類

演習 9　けい線を引いてみよう。

　　手順
　①メニューから［けい線］を選ぶ。
　②けい線の種類を選択する。
　③けい線を引き始める位置にカーソルをあわせてクリックする。
　④けい線を終了する位置までマウスをドラッグする。

(2) 書式をととのえる

　1行の文字数や行と行の空き（行間）を設定する，タイトルの字体（フォント）を太字にしてサイズを大きくする，文字にアンダーラインを引いて強調するなど，読みやすく，見やすい文書をつくるための，さまざまな編集機能がある。

　これらは，メニューの［書式］の中から選ぶ。
　①文書全体の書式には以下のような設定項目がある。
　　・用紙サイズ
　　・1行の文字数／1ページの行数[12]
　　・基本の字体（フォント）
　②段落の書式設定
　　1行の初めから改行までを「段落」という。段落の書式には，次のようなものがある。

[12]「文字数」と「行数」を設定するかわりに，ページの「余白」を設定してもよい。

・文字そろえ
・字下げ（インデント）
・タブ

　段落の書式を設定するには，段落の範囲を指定してからメニューの書式を選ぶ。

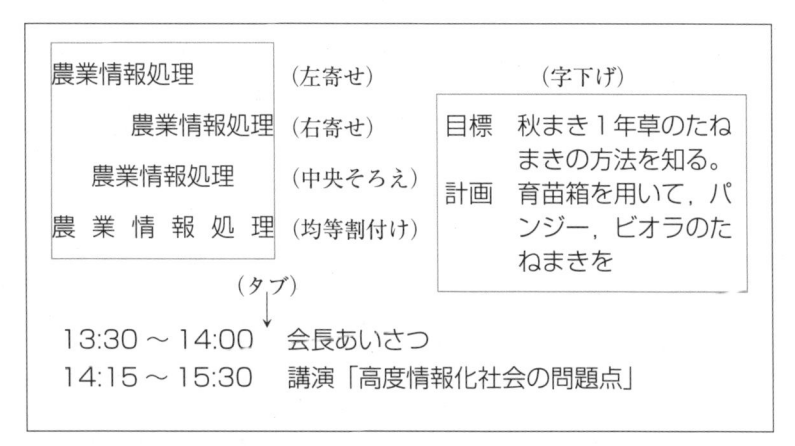

```
農業情報処理　　　（左寄せ）　　　　　　（字下げ）
　　　農業情報処理（右寄せ）　目標　秋まき1年草のたね
　　農業情報処理　（中央そろえ）　　　　まきの方法を知る。
農 業 情 報 処 理　（均等割付け）計画　育苗箱を用いて，パ
　　　　　　　　　（タブ）　　　　　　　ンジー，ビオラのた
13:30 ～ 14:00　　会長あいさつ　　　　　ねまきを
14:15 ～ 15:30　　講演「高度情報化社会の問題点」
```

図 2-33　段落の書式設定

③文字列の書式設定

　文字列の書式には次のようなものがある。文字列の設定の場合も，文字列を範囲指定してからメニューの書式を選ぶ。

・字体（フォント）
・サイズ（ポイント）
・文字飾り

```
・字体
　農業情報処理（明朝体）　　**農業情報処理**（ゴシック体）
　農業情報処理（教科書体）　**農業情報処理**（丸ゴシック体）
・ポイント
　農業情報処理（7ポイント）　農業情報処理　（9ポイント）
　農業情報処理（10ポイント）　農業情報処理（12ポイント）
・文字変形，文字飾り
　**農業情報処理**（太　字）　農業情報処理（長　体）
　農業情報処理（下　線）　　農業情報処理（囲　み）
```

図 2-34　文字列の書式設定

演習10 A4に体裁よくおさまるように文書を作成しよう。

（A4用紙縦おき，1行35文字，1ページ35行）

①標題をアンダーライン，網掛けで強調する。

②表の外枠の線種を太線にする。

平成□□年10月21日

農業クラブ員各位

□□高等学校　農業情報処理部

ワープロ競技会のご案内

　私たち農業情報処理部では，今度の文化祭において，下記の要領でワープロ競技会を開催する予定です。日頃の練習の成果を試すよい機会だと思いますので，ふるって参加してください。

　なお，パソコンの台数が限られていますので，参加申込みのはやい順に40名まででしめ切らせていただきます。

　クラブ員のみなさんの参加をお待ちしています。

記

期　　日	平成□□年11月21日（土）
時　　間	13：00～15：00
場　　所	本校　情報処理室

　各クラスの情報処理部員に11月6日（金）までに申し込んでください。
　なお，情報処理部員の参加申込みはご遠慮ください。

禁則処理

　行の先頭（行頭）や行の最後（行末）にくるとおかしい文字や記号がその場所にきた場合には，前の行末や次の行頭に移動させて体裁をととのえる。これを「禁則処理」という。ワードプロセッサには，自動的に禁則処理をする機能がある。

　　行頭禁則文字…………，。？」］　など
　　行末禁則文字…………「［（　　　など
　禁則文字は文書スタイルの中で変更できる。

演習 11　ビジネス文書の作成

A4判1ページにおさまるように体裁をととのえよう。

　　　　　　　　　　　　　　　　　　　　　　　　　平成□□年 5 月 12 日

　　○○短期大学情報処理科
　　　　教授　古賀　太郎　様

　　　　　　　　　　　　　　　　　　　　　　　□通信情報管理協会
　　　　　　　　　　　　　　　　　　　　　　　事務局長　辻　浩二

　　　　　　　　　　　　<u>講演のお願い</u>

拝啓　初夏の候，貴殿にはますますご健勝のこととお喜び申しあげます。
　さて，当協会が実施しております「パソコン技能検定試験」の受験者を対象に，最新のパソコン事業に関するセミナーを開催したいと考えております。
　つきましては，そのセミナーにおいて，先生にご講演いただき，その後の討論会でのコメンテータをお願い申しあげます。
　まずは，文書にてお願い申しあげます。
　　　　　　　　　　　　　　　　　　　　　　　　　　　　　敬具

　　　　　　　　　　　　　　　記

●開催要領

日　時	平成□□年 6 月 30 日（金）（午後 12 時 30 分開場）
場　所	労働会館・第 30 会議室

●プログラム

13：00 ～ 13：20	当協会の理事長挨拶
13：20 ～ 15：00	講演「最新のパソコン事情」　古賀太郎教授
15：00 ～ 15：15	休憩
15：15 ～ 16：30	討論会

●連絡先
　電話：06 － 1155 － 4433　　担当者：広報部　太田

　　　　　　　　　　　　　　　　　　　　　　　　　　以　上

演習12　実験計画書・報告書の作成

授業・実験のレポートを作成しよう。

実　習　記　録

クラス_____　出席番号____　名前_____

実施日・時間	平成□□年□□月□□日（□）（　）～（　）
班　員　名	山田，黒木，林，松尾，川崎
テ　ー　マ	秋まき1年草のたねまき（パンジー，ビオラ）
目　　　標	・秋まき1年草の性質を知る ・秋まき1年草のたねまきの方法を知る
計　　　画	育苗箱を用いて，パンジー，ビオラのたねまきをする。 用意するもの：育苗箱2箱，たねまき用土，ラベル，ジョロ，パンジー種子5ml，ビオラ種子5ml
実施の記録	①育苗箱にたねまき用土を入れる。 ②たねをていねいにまく。（ばらまき） ③たねまき用土で覆土をする。 ④たねが流れないようにかん水をする。 ⑤ラベルを立てて，育苗温室へ移動する。
自　己　評　価	水，酸素，温度が発芽するために必要な条件だということ，秋まき1年草は耐寒性があるので秋にまき，冬を越して春に開花するということが理解できた。
今後の課題	発芽のようすなどを観察していきたい。また，生育調査を続け，発芽までにかかる日数，パンジーとビオラの生育の仕方の違いを調べていきたい。

第2章
6 表計算ソフトウェアの活用
——数値情報の処理

1 表計算ソフトウェアの機能

　私たちの日常生活では，表をつくり，項目別に合計を出したり，平均を出したりという計算をおこなう場面が少なくない。たとえば，実習で栽培したメロンの収穫結果をまとめることを例にして考えてみよう。

　図2-35は，果実の重量，糖度，ネットの発生を表にまとめたものである。

　この表をもとにして，以下のようなことが考えられる。

(1) 果重，糖度それぞれの平均値を求める。

(2) 糖度の高い順に並べかえる（ソート）。

(3) ネットの優・良・不良の個数の割合を求め，円グラフにする。

(4) ネットの張り方が優で果重が1.3kg以上，糖度が15度以上の個体を選び出し，個数をカウントする（検索・抽出）。

(5) 果重による階級分けをして，それぞれの個数を求め，棒グラフにする（頻度）。

　「表計算ソフトウェア」は，このような，多様なデータ処理を効率的におこなうためにつくられたソフトウェアである。

株no	果重	糖度	ネット
1	1.2	13	優
2	1.3	13	良
3	1.3	13	良
4	1.1	15	優
50	1.2	15	不良
合計			
平均			

図2-35　調査データ

2 表計算ソフトウェアの特徴

表計算ソフトウェアには，次のような特徴がある。
①入力にまちがいがあってもかんたんに訂正できる。
②データの追加や変更がかんたんにできる。
③データ処理のための多くの関数が準備されている。
④表の計算結果をグラフにして表示することができる。
⑤データの検索や並べかえができる。したがって，データをいろいろな角度からみて分析することができる。
⑥数値を変更して，瞬時に再計算することができる。したがって，数値をいろいろかえてみて結果を検討するということがかんたんにできる（シミュレーションという）。

このように，表計算ソフトウェアは集計のための計算だけでなく，データを分析する，計画を立てる，状況の変化を想定してみるなど，さまざまな利用法がある。表計算ソフトウェアを活用し，これからの農業経営の効率化に役立てよう。

3 表計算ソフトウェアの基本操作

表計算ソフトウェアを起動すると図2-36のように，小さなます目に区切られた集計用紙（ワークシートという）が表示される。
このます目の1つ1つを「セル」という。また［矢印キー］にしたがって上下・左右に動く長方形を「セルポインタ」という。
文字や数値はセルポインタのあるセルに書き込むことができる。

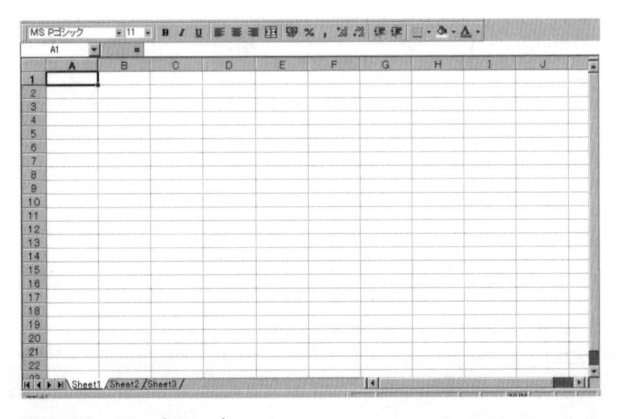

図2-36　ワークシート

画面の上部にある A，B，C……と左側にある 1，2，3……はセルの位置を示す表示である。セルの位置はこの列方向と行方向を組み合わせて示す。たとえば，図 2-37 のセルポインタのある位置は「C2」という。

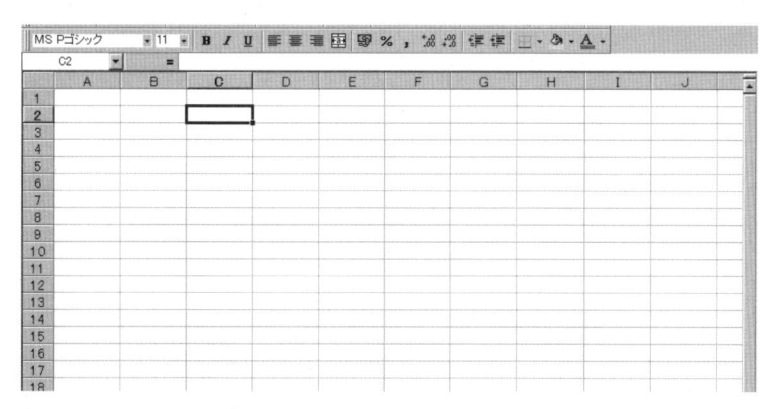

図 2-37　C2 にセルポインタ

演習 1　基本操作の練習

　図 2-39 は，農産物バザーの売上げデータである。3 日間の合計や 1 人当たりの購入金額の平均を計算してみよう。

文字データと数値データ

　セルには文字，数値，および数式を入力できる。標準の設定では，文字は左寄せ，数値は右寄せになるので入力してみるとちがいがわかる。
　数字を文字として入力したい場合は最初に「'」を入れる。
　数式を入力するときは，最初に「=」(ソフトによっては「+」)を入力する。数式が入力されたセルには，計算結果が表示される。
　(数式は「数式バー」に入力してもよい)

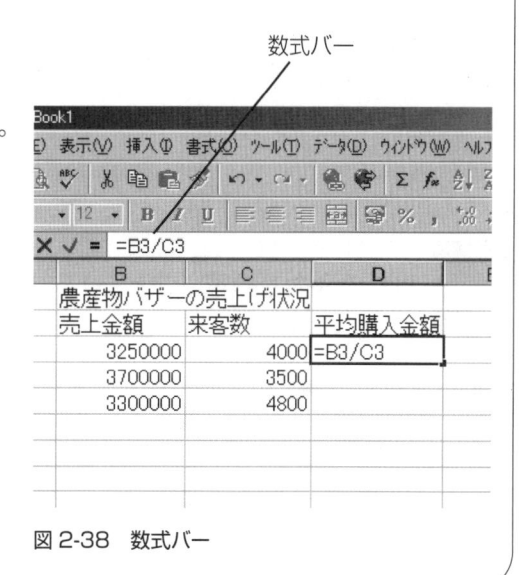

図 2-38　数式バー

6　表計算ソフトウェアの活用

	農産物バザーの売上げ状況	
	売上金額	来客数
1日目	3,250,000	4,000
2日目	3,700,000	3,500
3日目	3,300,000	4,800
合 計		

図2-39 バザー売上表

[手順]

(ステップ1) 入力とけい線

①図2-39にしたがって,文字データと数値データを入力する。

②けい線を引く。

けい線を引く範囲（A2からD6）を指定❶して,メニューから［けい線］を選び❷,けい線の引き方と線種を指定する。

❶範囲の指定（➡ p.36 囲み）

❷➡ p.27 囲み

	A	B	C	D	E
1		農産物バザーの売上げ状況			
2		売上金額	来客数	平均購入金額	
3	1日目	3250000	4000		
4	2日目	3700000	3500		
5	3日目	3300000	4800		
6	合計				
7					

図2-40 文字の入力とけい線

(ステップ2) 数式の入力

①平均購入金額を求める式（売上金額÷来客数）をD3に入れる❸（➡囲み）。

（D3の式：=B3/C3 または +B3/C3）

②D3の式をD4からD6にコピーする❹（➡囲み）。

❸数式バーに入力してもよい。

❹メニュー選択でなく右クリックでも,「コピー」,「貼り付け」を選択できる。D6に #DIV/0! またはERR（数値エラーをあらわす）が表示されるが,これは合計がまだ空白のため。

👉 数式の入力と複写（コピー）

（数式の入力）

=の後に計算式を入力する。
演算記号…加算（＋）,減算（－）,乗算（＊）,
　　　　　除算（／）
計算に使う数値は,セル番号を入力するか,セルポインタで該当のセルをクリックする。

（数式の複写）

メニューより［編集］→［コピー］を選択し,コピー先を範囲指定し,［編集］→［貼り付け］を選択する。

（ステップ３）　関数の利用

①売上金額の合計を求める計算式を B6 に入れる。

合計を求める関数（SUM）を使用する（➡囲み）。

（B6 の式：=SUM(B3:B5)）

②B6 の式を C6 に複写して，来客数の合計を求める❺。

（C6 には =SUM(C3:C5) と入力される）❻

❺ D6 に数値が入りエラー表示は消える。

❻数式をコピーすると数値のセル番号は自動的に変わる。（➡ p.56）

	A	B	C	D	E
1		農産物バザーの売上げ状況			
2		売上金額	来客数	平均購入金額	
3	1日目	3250000	4000	812.5	
4	2日目	3700000	3500	1057.142857	
5	3日目	3300000	4800	687.5	
6	合計	10250000	12300	833.3333333	
7					

図 2-41　合計の計算

関数の使い方

表計算ソフトには，合計・平均値・最大値・最小値などのほか，さまざまな計算をする「関数」が用意されている。関数を使えば，複雑な計算式を入力することなく高度な計算ができるので便利である。

関数を入力するには，メニューから［関数］を選ぶと関数の一覧が表示されるので，その中から選ぶ。

関数によっては「引数(ひきすう)」を入れるよう求められる。セルの数値を使う場合は，使うセルを指定（合計や平均など複数のセルの数値を使う場合は範囲指定）して実行する。

※「引数」とは関数の計算に使う数値のこと。

図 2-42　関数メニュー

6　表計算ソフトウェアの活用

図2-43 セルの書式(桁数)

（ステップ4）体裁をととのえる（→囲み）

① A列の〜日目のセル幅を5に縮める。B列からD列は11に広げる。
② 文字項目の表示位置をセルの中央にそろえる。
③ D3からD6を範囲指定し，金額の表示形式より「桁区切りカンマ」を選択して，「小数桁」を0に設定する（図2-43）。

	A	B	C	D	E
1		農産物バザーの売上げ状況			
2		売上金額	来客数	平均購入金額	
3	1日目	3,250,000	4,000	813	
4	2日目	3,700,000	3,500	1,057	
5	3日目	3,300,000	4,800	688	
6	合計	10,250,000	12,300	833	
7					

図2-44 体裁をととのえる

（ステップ5）印刷・保存

① A1からD6を範囲指定し，印刷範囲に指定する。印刷プレビューで，印刷状態を確認する。
② メニューの［印刷］を指定し，印刷する。
③ メニューから［保存］を選び，ファイル名を記入して保存する。ファイル名は「バザー売上げ」とする。
④ ファイル名を確認し，メニューの［終了］を指定する。

書式の指定

ととのえる範囲を指定して，右クリックで，その範囲のプロパティ（あるいはセルの書式設定）より表示形式の種類を表示し，適当な表示形式を選択する。

表示位置を変えたい範囲を指定し，右クリックで範囲のプロパティまたはセルの書式設定の表示の位置（配置）を選択する。

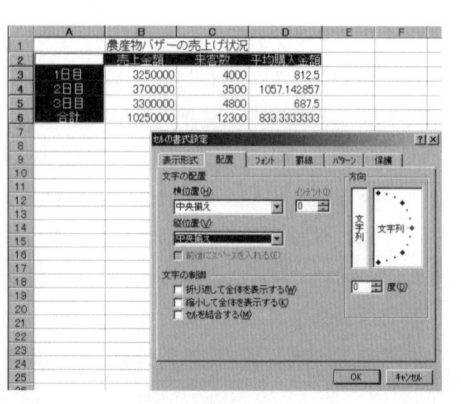

図2-45 セルの書式設定

4 いろいろな関数の利用

演習1では，合計関数（SUM）を学んだ。ここでは，そのほかの基本的な関数の使い方について学ぼう。

演習 2 図2-46は試験区8区のイネの収量構成要素のデータである。10a当たりの収量を計算し，グラフを作成しよう。

稲の収穫量

試験区No	穂数	もみ数	登熱歩合	玄米千粒重
1	369	97	79.3	22.3
2	370	92	82.5	22.8
3	315	94	78.1	21.9
4	378	89	79.1	22.3
5	364	83	80.2	22.7
6	376	90	79.3	22.9
7	354	84	78.1	22.5
8	345	76	77.4	22.1

図2-46 イネの収量計算

[手順]

（ステップ1） 入力・けい線

①図2-47のように項目名やデータを入力する❼。

②けい線を引く。

けい線を引く範囲（A3からF14）を指定して，メニューの［けい線］を選ぶ。図を参考にして線種を指定する（外枠を太線，試験区の中けい線を点線，他は実線で引く）。

---

❼D列とE列の表示形式。小数部の桁など。

	A	B	C	D	E	F	G
1		稲の収量計算					
2				作成日			
3	試験区NO	穂数	もみ数	登熱歩合	玄米千粒重	収量kg/10a	
4	1	369	97	79.3	22.3		
5	2	370	92	82.5	22.8		
6	3	315	94	78.1	21.9		
7	4	378	89	79.1	22.3		
8	5	364	83	80.2	22.7		
9	6	376	90	79.3	22.9		
10	7	354	84	78.1	22.5		
11	8	345	76	77.4	22.1		
12	平均						
13	最大						
14	最小						
15							
16				担当者			
17							

図2-47 ワークシートへの入力

（ステップ２） 計算式の入力

①セル F4 に収量計算の式

　（穂数×もみ数×登熟歩合÷ 100 ×玄米千粒重÷ 1000）

を入力する。

　　　　（式： =B4 * C4 * D4/100 * E4/1000）

②計算式の複写

　F4 の計算式を F5 から F11 にコピーする。

②平均値を計算する。

　B12 に平均値を求める関数（AVERAGE)を入力し[8]，平均する範囲（B4：B11）を指定する（B4 から B11 をドラッグする）。

③最大値・最小値を求める

　B13 に，最大値を求める関数（MAX），B14 に最小値を求める関数（MIN）を入力する（関数 MAX または MIN を入力し，範囲（B4：B11）を指定する）。

④式の複写（コピー）

　B12, B13, B14 に入力した平均・最大・最小の式を C 列から F 列に複写する。

　（複写元の B12 から B14 を範囲指定し，［コピー］を選択する。次に複写先の C12 から F14 を範囲指定して，［貼り付け］を選択する。）

[8] 関数一覧（図 2-48）より選択してもよい。

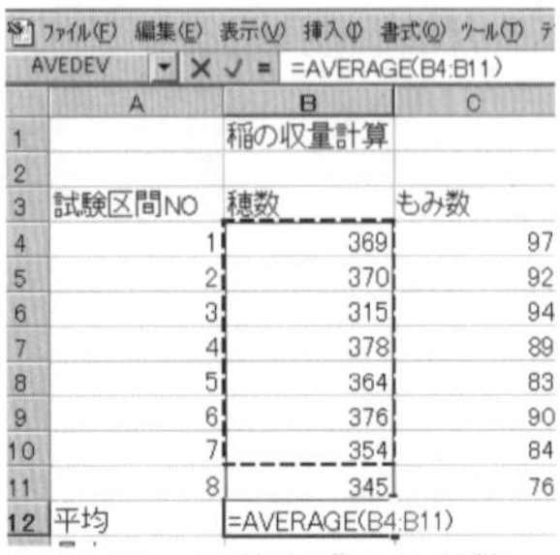

図 2-48　平均を求める関数

図 2-49　平均・最大・最小を求める

（ステップ3） 体裁をととのえる

①収量（F4～F14）の列および平均（B12～E12）の行の「表示形式」を小数第1位までとする。

②項目名の「表示位置」を「中央」にする。

③日付を表示する。

セル E2 に，日付関数[9]（NOW）を入力し，「表示形式」を指定する。

④E16 に担当者として自分の名前を入れる。

[9] コンピュータ内蔵の時計によって，現在の日付と時刻を戻す関数。

	A	B	C	D	E	F
1		稲の収量計算				
2				作成日	00/06/18	
3	試験区NO	穂数	もみ数	登熟歩合	玄米千粒重	収量kg/10a
4	1	369	97	79.3	22.3	633.0
5	2	370	92	82.5	22.8	640.3
6	3	315	94	78.1	21.9	506.4
7	4	378	89	79.1	22.3	593.4
8	5	364	83	80.2	22.7	550.0
9	6	376	90	79.3	22.9	614.5
10	7	354	84	78.1	22.5	522.5
11	8	345	76	77.4	22.1	448.5
12	平均	358.9	88.1	79.3	22.4	563.6
13	最大	378	97	82.5	22.9	640.3
14	最小	315	76	77.4	21.9	448.5
15						
16				担当者	山田太郎	
17						

図2-50 体裁をととのえる

（ステップ4） グラフの表示

①各試験区の収量計算の結果を棒グラフで表示する。

F4 から F11 までを範囲指定し，メニューから［グラフ］を選択し，グラフを表示させる[10]（図2-51）。

②グラフの詳細を設定する。

メニューからグラフの詳細設定（グラフオプション）を選び，グラフのタイトル，サブタイトル，X軸名，Y軸名などを入力する。

③グラフの体裁をととのえる。

体裁を設定したい部分をアクティブ[11]にしてから，［書式設定］のメニューを選ぶ。グラフの模様や色，文字サイズ，フォントなどを指定する。

[10] グラフ作成のアイコンをクリックしてもよい。

[11] グラフの上にマウスをおき，クリックすること。周辺の4隅と各辺の中央に「ハンドラ」という黒四角のマークが出る。アクティブの状態で，位置やサイズを変更したり，体裁を設定することができる。

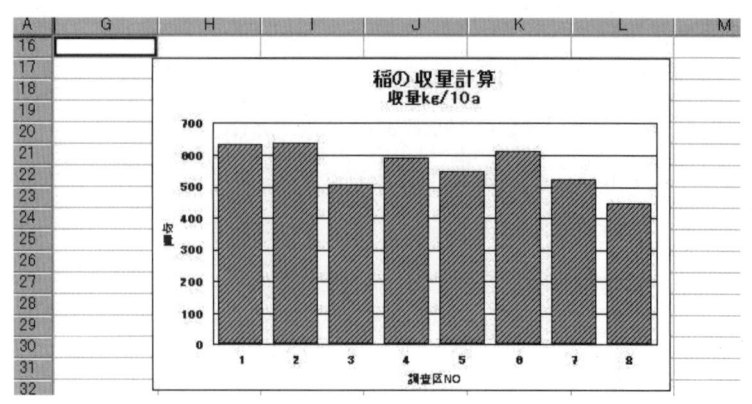

図2-51 収量を示すグラフ

グラフの種類と特徴

グラフには，棒グラフ，円グラフ，帯グラフなどいろいろなものが用意されている。利用する目的や表示するデータの種類によって使い分けることが大切である。

棒グラフ 量の大きさや量の変化をあらわすのに適する。

円グラフ ある項目の内訳の比率をあらわすのに適する。

折れ線グラフ 時系列でデータの変化をみるのに適する。

積み上げ棒グラフ（積層グラフ） 複数のデータを1つの棒に積み上げて総量と各データを同時に比較するのに適する。

帯グラフ 複数のデータの構成比と構成比の変化をあらわすのに適する。

レーダーチャート データ全体の傾向をつかみ，全体のバランスを比較するのに適する。

層グラフ 複数のデータの総量と内訳の変化を，層の厚さで表示する。

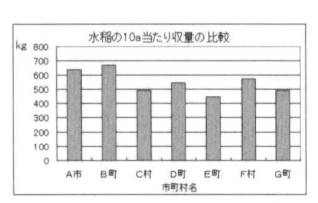

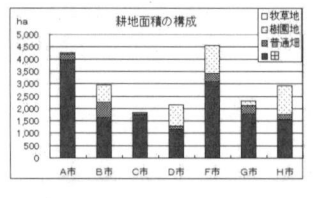

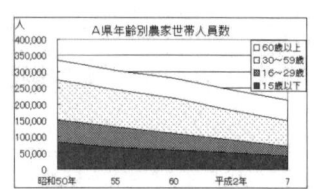

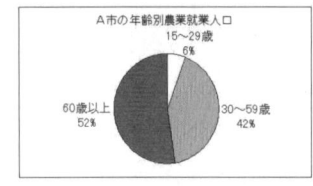

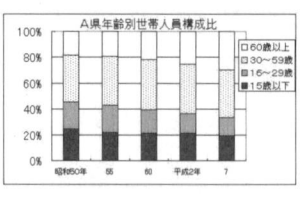

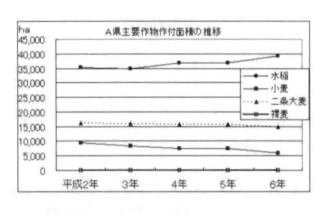

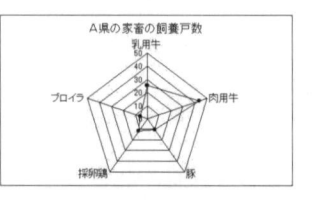

図2-52 グラフの種類

（ステップ5） 印刷

作成した表とグラフを印刷してみよう。

①印刷する範囲を指定してから，メニューの［印刷範囲の設定］を選ぶ。

②［書式設定］（ページ設定）のメニューを選び，用紙サイズや印刷の向き，余白などを指定する。

③［印刷］メニューを選び，印刷を実行する。

（ステップ6） 並べかえ（ソート）

ステップ2の計算結果をもとにして，収量の多い順に試験区を並べてみよう[12]。

①並べかえる範囲（A4からF11）を指定する。

②メニューから［並べかえ（ソート）］を選択する。

③並べかえの基準となる列[13]を収量（F列）に設定する。

④並べかえの方法を「降順」（➡囲み）に指定する。

⑤並べかえを実行する。

[12] データを並べかえることを「ソート」という。

[13] 「キー」という。

	A	B	C	D	E	F
1		稲の収量計算				
2				作成日	00/06/18	
3	試験区NO	穂数	もみ数	登熟歩合	玄米千粒重	収量kg/10a
4	2	370	92	82.5	22.8	640.3
5	1	369	97	79.3	22.3	633.0
6	6	376	90	79.3	22.9	614.5
7	4	378	89	79.1	22.3	593.4
8	5	364	83	80.2	22.7	550.0
9	7	354	84	78.1	22.5	522.5
10	3	315	94	78.1	21.9	506.4
11	8	345	76	77.4	22.1	448.5
12	平均	358.9	88.1	79.3	22.4	563.6
13	最大	378	97	82.5	22.9	640.3
14	最小	315	76	77.4	21.9	448.5

図2-53 並べかえ（ソート）を実行する

並べかえ（ソート）の種類

（文字の並べかえ）
　正順あるいは昇順（あいうえお順）
　逆順あるいは降順（あいうえお順の逆）

（数値の並べかえ）
　昇順（小さい順）
　降順（大きい順）

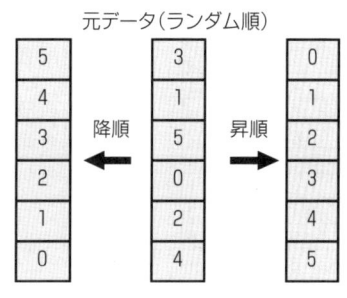

元データ（ランダム順）

5		3		0
4		1		1
3	←降順	5	昇順→	2
2		0		3
1		2		4
0		4		5

図2-54 並べかえの種類

6 表計算ソフトウェアの活用　53

演習 2 水道管を流れる水の流速を計算してみよう。

円管の内径を 5cm に固定して，流量を毎秒2リットルから20リットルに変化させた場合の流速[14]をあらわすXYグラフ（散布図ともいう）を書いてみよう。

[手順]

（ステップ１）　データ入力，式の入力

①図 2-55 のように，式，記号（＊）以外のセルにデータを入力し，けい線を引く。

②式 (1) に円管の断面積を求める計算式を入れる。

　　=(B5/2)^2 ＊ PI( )[15]

③式 (2) には，流速の計算式を入れる。流速は cm/s であらわすので，流量は cm^3 に換算する。

流速は「流量×1000÷断面積」であらわされるので，B9 に次の計算式を入れる。

　　=A9 ＊ 1000/$B$6

④ B9 の計算式を B10 ～ B18 に複写する。

（ステップ２）　XYグラフ

①グラフに使うデータの範囲を指定する。

A8 から B18 の範囲を指定する（マウスをドラッグする）[16]。次にメニューから［グラフ］を選択し，グラフの種類を XY グラフとする。

②グラフのタイトル，軸名などを入力する。

[14] 流速は通常 m/s であらわすが，ここでは cm/s を用いる。

[15] ^2 は「2乗」を示す。PI( ) は円周率をあらわす関数。引数がない場合も ( ) をつける（ソフトによっては@PIとあらわすこともある）。
　+(B5/2)^2 ＊@PI

[16] ［Ctrl キー］を押しながらドラッグすると，離れた列を同時に範囲指定できる。

	A	B
1		
2	管水の流速	
3		
4	項　目	円　管
5	内　径	5.0
6	断面積	式(1)
7		
8	流　量	流　速
9	2	式(2)
10	4	＊＊＊
11	6	＊＊＊
12	8	＊＊＊
13	10	＊＊＊
14	12	＊＊＊
15	14	＊＊＊
16	16	＊＊＊
17	18	＊＊＊
18	20	＊＊＊
19		

図 2-55　データの入力

	A	B
1		
2	管水の流速	
3		
4	項　目	円　管
5	内　径	5.0
6	断面積	19.6
7		
8	流　量	流　速
9	2	102
10	4	204
11	6	306
12	8	407
13	10	509
14	12	611
15	14	713
16	16	815
17	18	917
18	20	1019
19		

図 2-56　流速計算

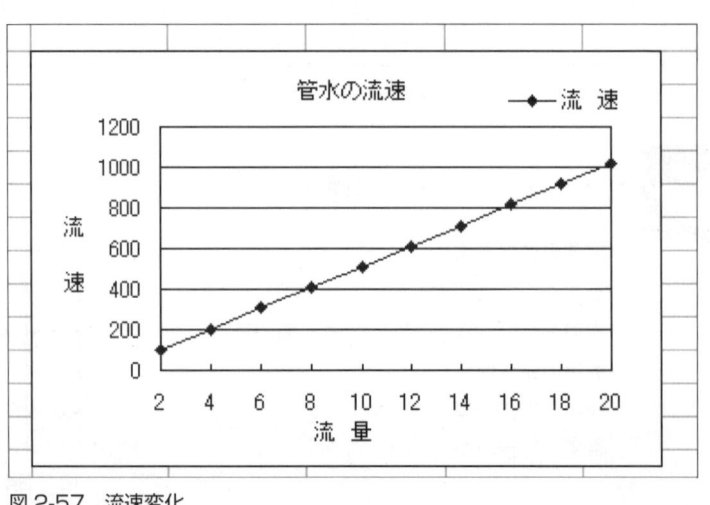

図 2-57　流速変化

演習 3 円管の内径を変化させて，シミュレーションをしてみよう。

　演習 2 のデータで，円管の内径を変化させたとき流速がどのように変化するかをみてみよう。また，その結果をグラフに表示してみよう。

手順

（ステップ 1） データ列の追加とグラフ表示

① B 列を「円管 1」，「流速 1」に項目を書きかえて，C 列を「円管 2」とし，「流速 1」と同様の計算式を入れて「流速 2」の変化を表にあらわす。また，表題も下図のように書きかえる。

② 流速 1 と流速 2 をグラフに表示するためにデータ範囲を指定する（A8 から C18 を範囲指定する）。

③ メニューから［グラフ］を選択し，グラフの種類を「XY グラフ」に指定する。

④ グラフのタイトル，軸名を入力する。

（ステップ 2） グラフによるシミュレーション

　円管 2 の内径を打ちかえながら，流速 2 の変化を，グラフでシミュレーションする。

	A	B	C
1			
2	円管の大きさによる流速変化		
3			
4	項　目	円管1	円管2
5	内　径	5.0	8.0
6	断面積	19.6	50.3
7			
8	流　量	流速1	流速2
9	2	102	40
10	4	204	80
11	6	306	119
12	8	407	159
13	10	509	199
14	12	611	239
15	14	713	279
16	16	815	316
17	18	917	358
18	20	1019	398
19			
20			

図 2-58　円管の内径を変えるシミュレーション

演習 4 参照表を使った計算テーブルを作ってみよう。

クッキーの材料のコード番号と配合する量を入力すると，クッキー1個当たりのエネルギー量が計算できるようにしよう（クッキー1枚は，20gとする）。

図2-59のように，材料100g当たりのエネルギー表を別につくり，その表をコード番号で参照するようにする。

	A	B	C	D	E	F	G	H
1		クッキーのエネルギー計算						
2								
3	コード	材料名	配合量100g	カロリーkcal				
4	101	式(1)	12	式(2)				
5	103	＊＊＊	26	＊＊＊				
6	105	＊＊＊	14	＊＊＊				
7	104	＊＊＊	5	＊＊＊				
8		＊＊＊		＊＊＊				
9		＊＊＊		＊＊＊				
10	合 計		式(3)	△△△				
11	クッキー1個当たり		0.2	式(5)				
12	製 造 個 数		式(4)					
13							100g当たりのエネルギーkcal	
14						コード	品名	カロリー
15						101	ショートニング	921
16						102	牛乳	59
17						103	薄力粉	368
18						104	卵	162
19						105	砂糖	385
20						106	チーズ	339
21						107	バター	745
22								

図2-59 エネルギー計算テーブル（左），エネルギー表（右）

手順

（ステップ1） 文字とデータの入力，参照表の入力

①図2-59の(1)～(5)，記号（＊，△）で示す以外のセルに文字を入力する。参照表（100g当たりのエネルギー表）は図2-59のとおり入力する。

②けい線を引き，文字位置やセルの幅をととのえる。

（ステップ2） 材料名を参照する式(1)の入力，複写

A4にコード番号を入力すると参照表の該当する材料名が自動的に入力されるようにする。

①B4に次のような検索関数[17]を入力する。
　　=VLOOKUP(A4,$F$15:$F$21,2) [18]

②①の式を，コードが入力されたら参照し，そうでないときは空白とするように修正する。それにはIF関数[19]を用いる。
　　=IF(A4<>"",VLOOKUP(A4,$F$15:$F$21,2),"")

③B5からB9に式を複写する。

---

[17] 検索関数：参照関数ともいう。指定されたセル範囲から，検索条件に一致するセルの値を返す関数。

[18] セル番地に「$」をつけることを「絶対参照」という。絶対参照では，番地が固定され，数式をコピーしても参照先が変わらない。数式をコピーすると，それにともなって番地が変わることを「相対参照」という。

[19] IF関数：条件を指定し，条件を満たす場合と，満たしていない場合それぞれに，指定した値を返す関数。

(ステップ３) エネルギー量を計算する式(2)の入力，複写

A4のコードと一致する材料100g当たりのエネルギー量（参照表の3列目）に配合量（C4）を掛ける。

また，IF関数を用いて，空白のときの処理をする。

① D4に次のような検索関数を入力する。

=IF(A4<>"",VLOOKUP(A4,$F$15:$F$21,3)＊C4,"")

② D5からD9に式を複写する。

(ステップ４) 合計，製造個数，1個当たりエネルギーの式の入力

①式(3)は，SUM関数を用いる。右の△のセルに複写する。

②式(4)には,製造個数を求める式(合計重量(C10)÷クッキー1個の重量(20))を入れる。

③式(5)は,1個当たりのエネルギー量を計算する式(カロリーの合計(D10)÷個数(C12))を入れる。

④表示形式をととのえる（図2-60）。

	A	B	C	D	E	F	G	H
1		クッキーのエネルギー計算						
2								
3	コード	材料名	配合量100g	カロリーkcal				
4	101	ショートニング	12	11,052				
5	103	薄力粉	26	9,568				
6	105	砂糖	14	5,390				
7	104	卵	5	810				
8								
9								
10	合　　計		57	26,820				
11	クッキー1個当たり		0.2	94.1				
12	製　造　個　数		285					
13						100g当たりのエネルギーkcal		
14						コード	品名	カロリー
15						101	ショートニング	921
16						102	牛乳	59
17						103	薄力粉	368
18						104	卵	162
19						105	砂糖	385
20						106	チーズ	339
21						107	バター	745
22								

図2-60　エネルギー量の計算

第2章 7 図形・画像情報の処理

1 描画ソフトウェアの機能と特徴

　パソコンの画面上で絵を描いたり，写真を修整したりするときに使うソフトウェアを総称して描画ソフトウェア，あるいはグラフィックソフトという。描画ソフトウェアには，次のような種類のものがある。

　①**ドローソフト**　直線や曲線，円，多角形などの図形を組み合わせて絵を描くソフトウェア（➡ p.60 囲み）。

　②**ペイントソフト**　実際の画材を使う感覚で絵を描けるソフトウェア（➡ p.60 囲み）。

　③**フォトレタッチングソフト**　写真をスキャナなどから読み取り，修整をするソフトウェア。写真の色調をととのえたり，複数の写真を合成したり，写真に特殊な効果を与えたりすることができる。

　④**3次元グラフィックスソフト**（3D ソフト）　立体画像を作成するためのソフトウェア。CG（コンピュータグラフィックス）を使ったゲームや映画などの制作に使われる。

図 2-61　ドローソフトの画面

図 2-62　ペイントソフトの画面

図 2-63　フォトレタッチソフトの画面

2 描画ソフトウェアの基本操作

(1) ペイントソフトの基本操作

ペイントソフトを使ってみよう[❶]。

ペイントソフトを起動すると以下のような画面になる（図2-64）。

①キャンバス

絵を描く部分。この中に点や線・円などを描く。

②ツールボックス

絵を描くための道具（ツール）を選ぶ部分。キャンバスに絵を描く前に，まずツールボックスでツールを選んでおく。

③線の太さ選択[❷]

直線・円・四角形などを描くときの線の太さを決める。

④カラーボックス

絵を描くときの色を選択する。

[❶]ここでは比較的入手しやすいソフトを例にする。

[❷]この部分は選択されているツールに応じて内容が変わる。

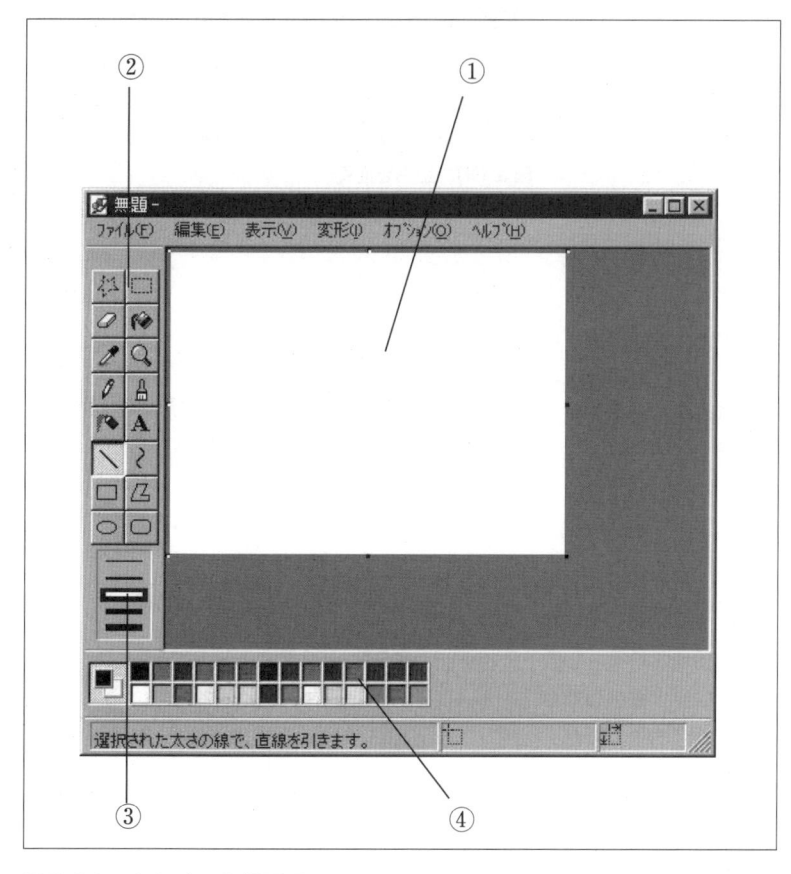

図2-64 ペイントの初期画面

演習 1 ペイントソフトを使って，スイカの画像を作成しよう。

> 手順
>
> **（ステップ1） 線の太さを太くしてから円を描く**
>
> ①ツールボックスから［直線］ツールを選ぶ。
>
> ②線の太さで3番目の太さを選ぶ。
>
> ③［楕円］ツールを選び，［Shift キー］を押しながらマウスを移動して正円を描く（➡ p. 61 囲み）。

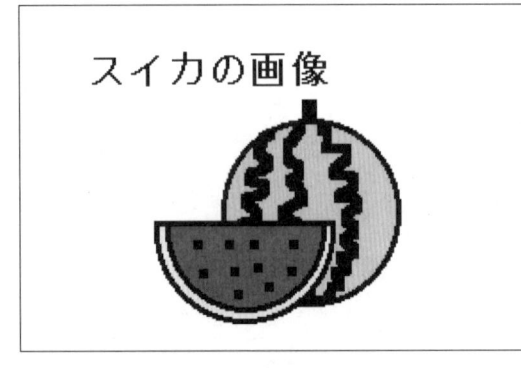

図 2-65　完成したスイカの画像

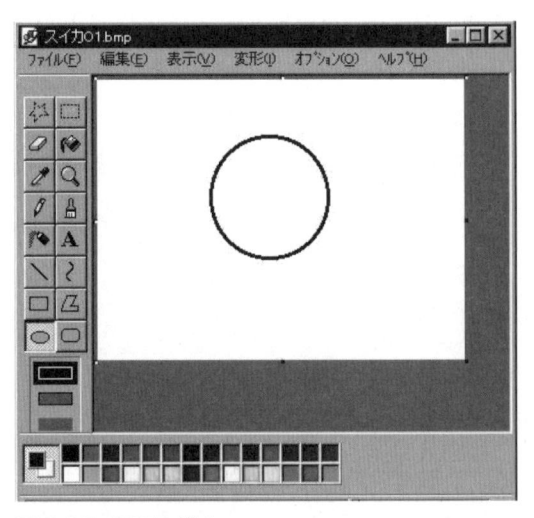

図 2-66　正円を描く

ドローとペイント

「ドローソフト」は，さまざまな線や図形を組み合わせて画像を構成する。コンピュータ内部では，それぞれの線や図形の情報を保持している。したがって，拡大や縮小，あるいは変形などが容易にでき，画像が粗くなったり，反対につぶれたりするということがない。

「ペイントソフト」は，実際に絵を描くように，筆や鉛筆に模したツールを使って描画する。画像はこまかい点（ドット）で構成される。したがって拡大すると画像が粗くなり，縮小しすぎるとつぶれてしまうということがある。また，コンピュータ内部では，1つ1つの点の情報として保持しているので，画像ファイルのサイズはドローソフトと比較して大きくなる。

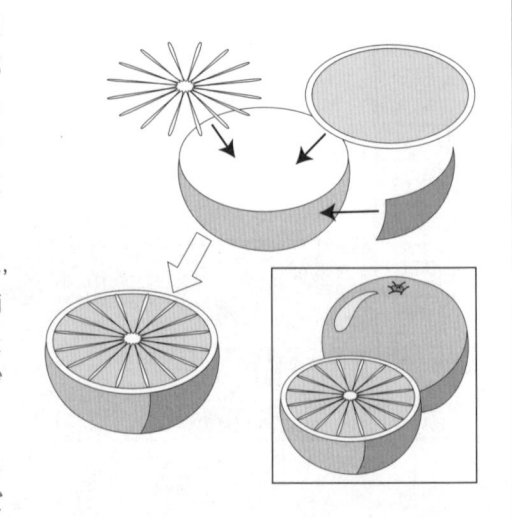

図 2-67　ドローソフトの作図例

（ステップ２）　円をコピーする

① ［選択］ツールを選び，円を範囲指定する（ドラッグして囲む）。
② メニューから［編集］→［コピー］を選ぶ。
③ メニューから［編集］→［貼り付け］を選ぶ。

（ステップ３）　少し小さめな円を作成し，コピーした円に重ね，線を引く

① ステップ２でコピーした円より少し小さめの円を作成する。
② 円を移動してコピーした円に重ね，２重の円にする❸。
③ ［直線］ツールを選び，［Shift キー］を押しながらマウスをドラッグして直線を描く（➡囲み）。

❸ ［選択］ツールで範囲指定してから，ドラッグして移動する。このとき「透明な背景」を選択しておく。

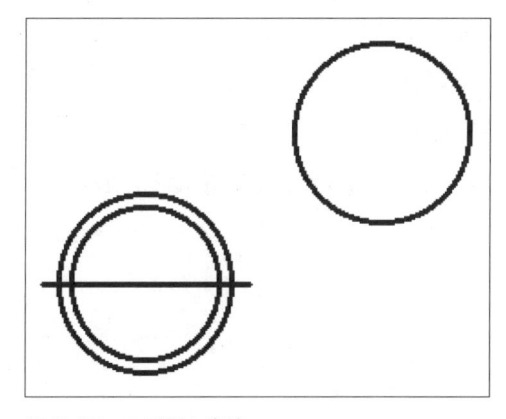

図 2-68　二重円と直線

線の引き方

● 線の開始位置でクリックし，そのままドラッグする。
● ［Shift キー］を押しながらドラッグすると，水平または垂直な直線が引ける。

［楕円］ツールや［長方形］ツールの使い方

● マウスを対角線を引くようにドラッグする。
● 正円，正方形は［Shift キー］を押しながらドラッグする。

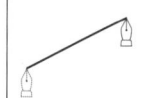

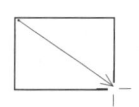

点と点の間に線がかける。　点と点の間に四角がかける。　点と点の間に円や楕円がかける。

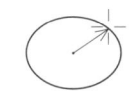

図 2-69　楕円ツールや長方形ツールの使い方

7　図形・画像情報の処理

（ステップ４）　２重円の上半分を消す

①操作がしやすいように，メニューから［表示］→［拡大］→［拡大する］を選択し，画面を拡大する❹。

②［消しゴム］ツールを選び，不必要な部分をドラッグして消す。

（ステップ５）　スイカの種子としま模様などを描く

①［ブラシ］ツールを選び，ブラシの形状と太さを選択する。

②スイカの果肉の部分のたねをマウスでクリックして，たねを描く。

③上のスイカのしま模様をマウスをドラッグして描く。

（ステップ６）　色を塗る

①［塗りつぶし］ツールを選び，パレットで緑色を選択する。丸いスイカの皮の部分をクリックして緑色に塗る。

②パレットで赤色を選択し，半分のスイカの果肉の部分をクリックして赤色に塗る。

（ステップ７）　スイカを移動して重ねあわせる

①［選択］ツールを選び，下のスイカを範囲指定する。

②ドラッグしてスイカを移動して重ねる❺。

❹ツールボックスから［拡大と縮小］ツールを選び，キャンバスをクリックしてもよい。

❺「透明な背景」が選択されていることを確認しておく。

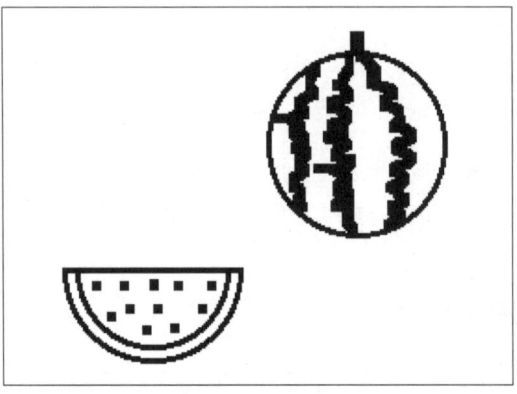

図2-70　種子としま模様を描く

図2-71　重ねあわせる

(ステップ8) 文字の入力
①ツールボックスから［テキスト］を選ぶ。
②キャンバス上でドラッグして文字の入力位置を指定する。
③メニューから書式指定を選び，文字の書体（フォント）やポイントを指定する。
④文字を入力する。

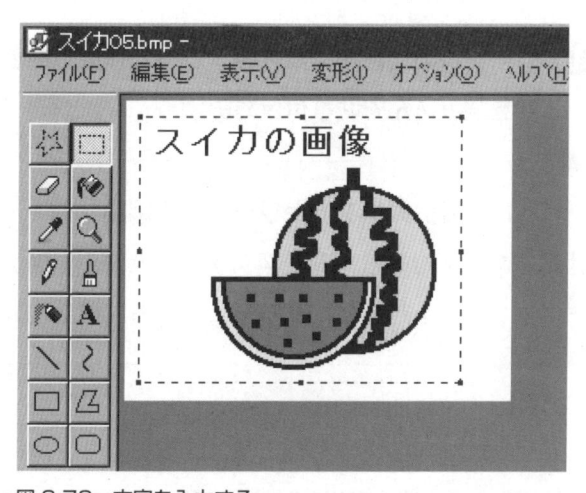

図 2-72　文字を入力する

イメージスキャナとディジタル・カメラ

　イメージスキャナやディジタル・カメラを使って写真を取り込み，ペイントソフトに貼り付けることができる。写真に文字を添えたり飾りをつけたりすることで，表現ゆたかな画像をつくることができる。

図 2-73　画像を取り込む

7　図形・画像情報の処理

第2章 8 情報の統合とプレゼンテーション

1 文字情報と数値・図形情報の統合

ワープロソフトでつくった文書に表計算ソフトウェアや描画ソフトウェアでつくった表や図を貼り付けて，よりわかりやすく，説得力のある文書をつくることができる。

演習 1 ワープロの文書内に表計算ソフトで作成した表とグラフを読み込んで貼り付けてみよう。

[手順]

（ステップ1） 表計算ソフトとワープロの起動

①表計算ソフトを起動し，表とグラフを作成する（図2-74）。
②ワープロソフトを起動し，文章を入力する（図2-75）。

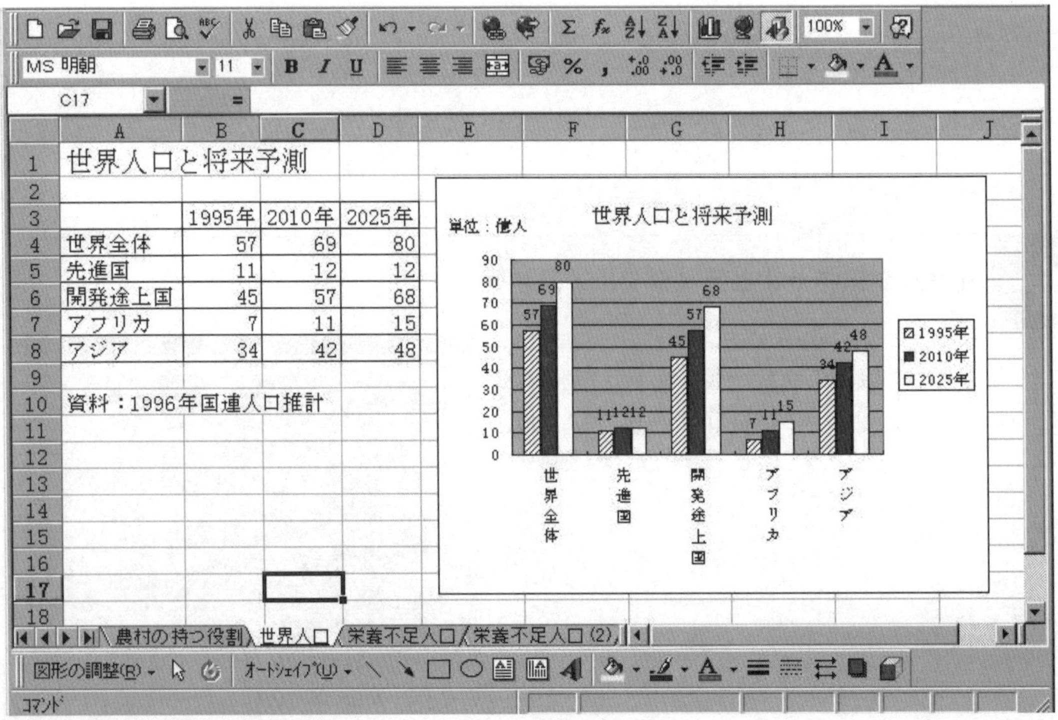

図2-74 表計算ソフトの表とグラフ

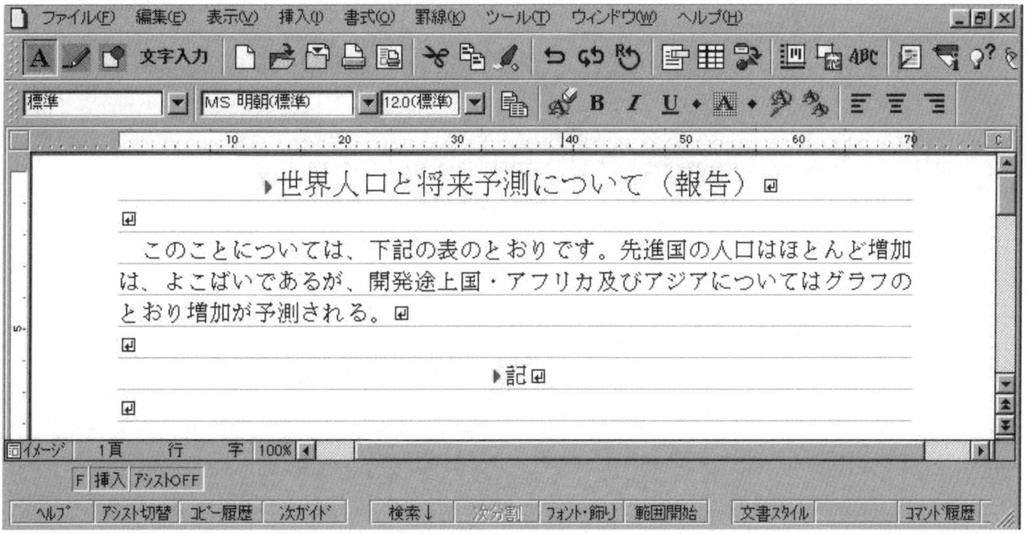

図 2-75 文字の入力

（ステップ２）　表をコピーしてワープロの文書に貼り付ける

① 表計算ソフトの画面を表示する。

② セル A3 から D8 を範囲指定する。

③ メニューの［編集］→［コピー］を選択する。

④ ワープロソフトの画面に切り換える。

⑤ 表を貼り付ける位置をクリックし，メニューの［編集］→［貼り付け］を選択する。

⑥ 列幅を調整し，表の体裁をととのえる❶。

❶列幅の調整。
　列の間にカーソルを移動し，マウスカーソルの形が列幅用に変わったら，ドラッグして列の幅を広げる。

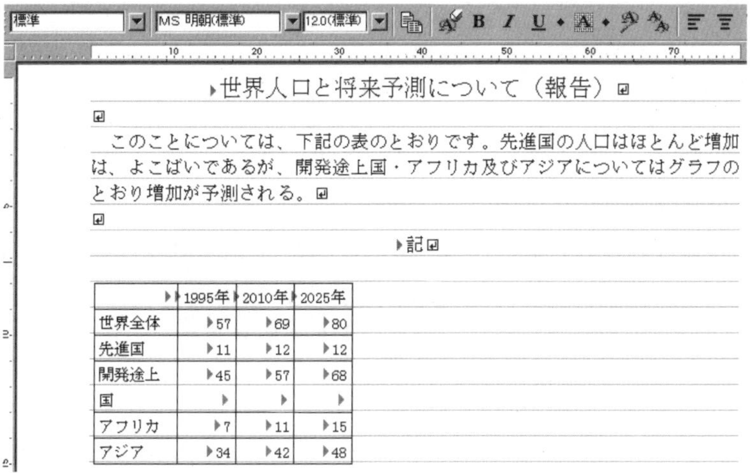

図 2-76 文書中に表を貼り付ける

8　情報の統合とプレゼンテーション

（ステップ3） グラフをコピーしてワープロの文書に貼り付ける

① 表計算ソフトの画面を表示する。
② グラフをクリックして選択する❷。
③ メニューの［編集］→［コピー］を選択する。
④ ワープロの画面に切り換える。
⑤ グラフを貼り付ける位置をクリックし，メニューの［編集］→［貼り付け］を選択する。
⑥ グラフのサイズ，位置を調整する❸。
⑦ ファイルを保存する。

❷グラフエリアの枠とハンドラがあらわれる（→p.51）。

❸グラフをクリックして選択し，ハンドルをドラッグして大きさを変更する（→p.51）。

図2-77 グラフを貼り付ける

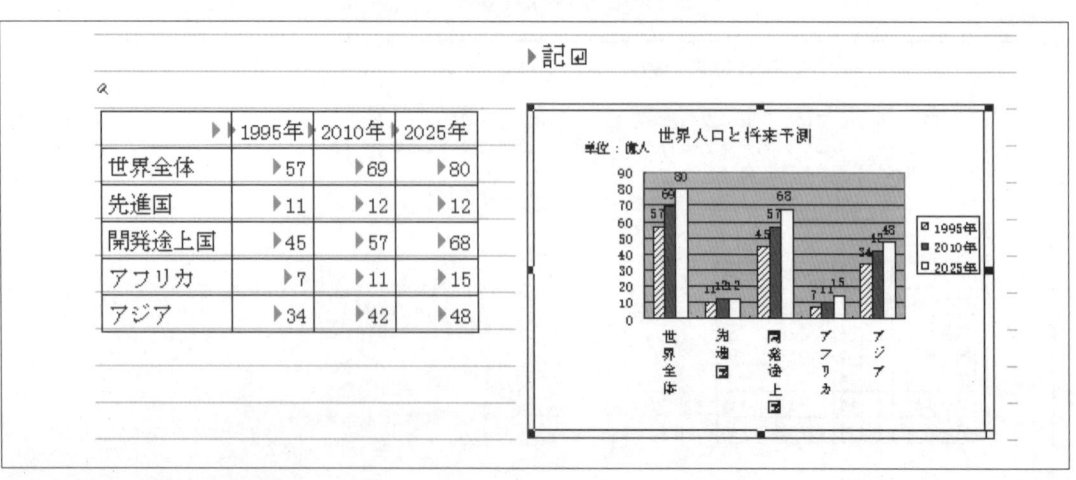

図2-78 グラフの大きさの変更

演習 2 ペイントで作成した画像をワープロの文書に貼り付けよう。

―手順―

（ステップ1） ペイントソフトとワープロソフトの起動

①ペイントソフトを起動し，60ページの演習1で作成した「スイカ」のファイルを開く。

②ワープロソフトを起動し，「ペイントで作成した画像の貼り付け」と入力する。

（ステップ2） 画像をコピーし，ワープロの文書に貼り付ける

①ペイントソフトの画面に切り換える。

②ツールバーから［選択］を選び，画像をマウスでドラッグして囲む。

③メニューから［編集］→［コピー］を選ぶ。

④ワープロソフトの画面に切り換える。

⑤画像を貼り付ける位置をマウスでクリックし，メニューから［編集］→［貼り付け］を選択する。

⑥大きさ，位置を調整する。絵をクリックして選択する。

⑦ファイルを保存する。

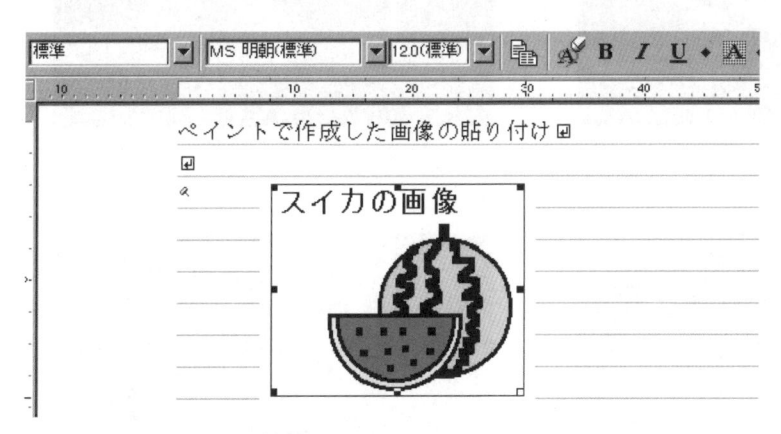

図2-79 文書に画像を貼り付ける

プレゼンテーションソフトの利用

　プレゼンテーションとは，アイデアや計画を相手に理解してもらうために，わかりやすく説明することである。コンピュータの画面に画像や文字を配置し，効果的なプレゼンテーションをするためのソフトウェアがプレゼンテーションソフトである。

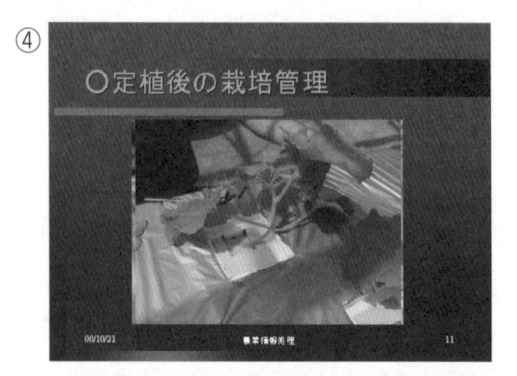

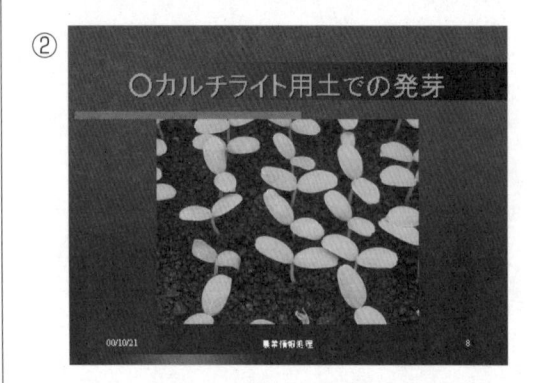

図2-80　プレゼンテーションの例

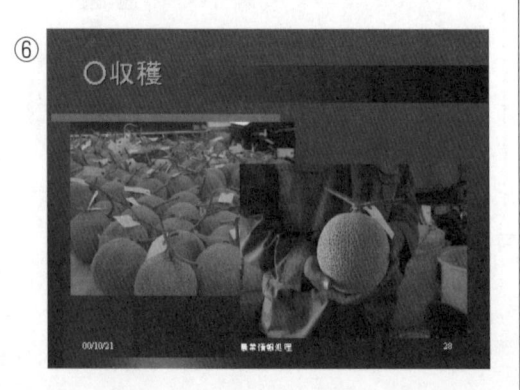

第3章
情報通信ネットワークの利用

第3章 1 コンピュータと通信

　第1章でもみたように，現代の高度情報化社会は，コンピュータによる情報処理技術と，情報通信技術があいまって形成されている。

　コンピュータの情報処理技術が高度化されるとともに，コンピュータとコンピュータをケーブルで結ぶコンピュータ通信（ネットワーク）がつくられることによって，より高度な情報の活用が可能になってきた。

　この章では，パーソナルコンピュータを利用したコンピュータ通信について学んでいこう。

1 コンピュータ通信の発展

　①**コンピュータネットワーク**　第1章でみた，コンビニなどのコンピュータネットワークは，1つの企業内部のコンピュータ通信である。

　このような通信は，本社やコンピュータセンターにある大型コンピュータ（「ホストコンピュータ」という）がネットワークの中心となる。それぞれの事業所，店舗など（「ユーザ」という）には端末装置（コンピュータ，ふつうはパソコンていどのもの）がお

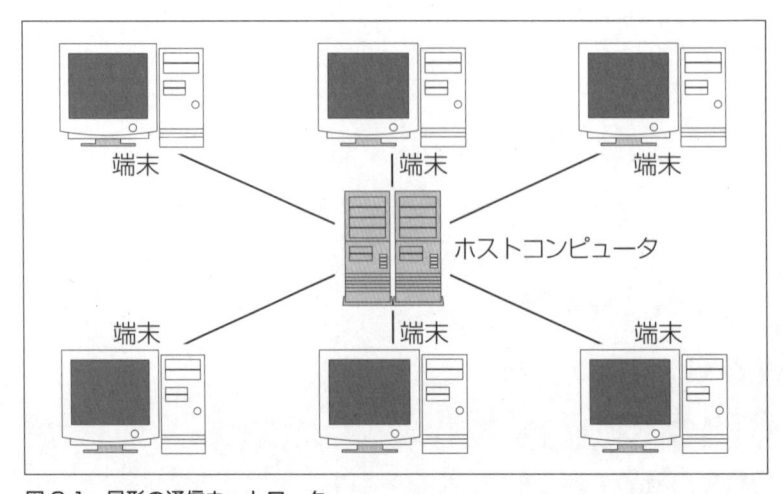

図3-1　星形の通信ネットワーク

かれ，専用回線あるいは公衆回線でホストコンピュータに接続されている。情報はホストコンピュータに蓄積，処理され，ユーザは端末装置を操作してホストコンピュータに問い合わせし，必要な情報を引き出す。また，それぞれのユーザはホストコンピュータをとおして，他の多くのユーザと，互いに情報交換をすることができる。

　②**インターネット**　1980年代になると，すべてのコンピュータが相互に接続される相互接続型の通信ネットワークが構築されるようになった（図3-2）。それまでの星形のネットワーク（図3-1）では，情報のやりとりは必ず中央のホストコンピュータを介していたため，ホストコンピュータが停止するとすべての情報のやりとりができなくなった。しかし，相互接続型の通信ネットワークでは，すべてのコンピュータが相互に直接接続して情報交換できるためそのような心配はない❶。相互接続型の通信ネットワークでは，情報を得るコンピュータをクライアント，情報を提供するコンピュータをサーバとよぶが，1台のコンピュータで両者を兼ねることもできる。現在，ほとんどの通信ネットワークがこの形態になっている。

　この相互接続型の通信ネットワークで全世界を結んだのがインターネットである❷。ユーザは接続されている全世界のコンピュータから情報を得ることや，自ら全世界に向けて情報発信することができる。

❶最初は，核攻撃から通信情報システムを守るために考え出された

❷くわしくは「インターネットのしくみ」（→ p.74, 75）で学ぶ。

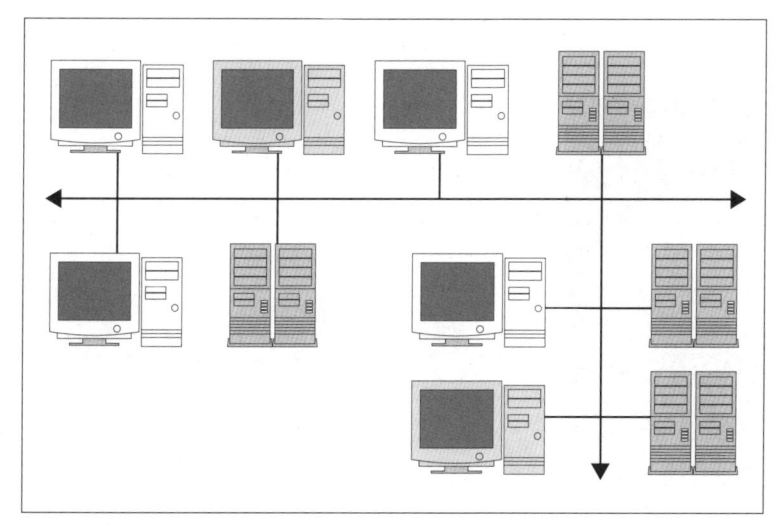

図3-2　相互接続型の通信ネットワーク

1　コンピュータと通信　**71**

2 コンピュータ通信のしくみ

コンピュータ通信をおこなうには，次のような装置とソフトウェアが必要である。

①**コンピュータ本体** コンピュータ通信には，まず通信用ケーブルを接続するコネクタ（接続端子）をもったコンピュータが必要である。

②**通信回線** 通信回線は，広く普及している電話回線が多く使われているが，企業などでは専用線も使われている。

近年は，ディジタル信号を送ることのできる，ディジタル通信回線（ISDN回線）が普及してきており，今後は光ファイバーや無線を使った高速ディジタル通信も普及してくることが予想される。

③**モデム（変復調装置）** 一般の電話回線を利用する場合には，コンピュータのディジタル信号を電話回線を流れるアナログ信号にかえたり，アナログ信号をディジタル信号に戻すことのできる装置（モデム）が必要である。

④**ターミナルアダプタ（TA）** ディジタル通信回線の場合にはコンピュータ内の信号と回線上の信号の仲介をする装置，ターミナルアダプタ（TA[3]）を設置する。

●モデムやターミナルアダプタは，ケーブルで一方は公衆回線と接続され，他方は接続端子を介してコンピュータに接続される。

[3] TA: Terminal Adapter

図3-3 モデム（左），ターミナルアダプタ（右）

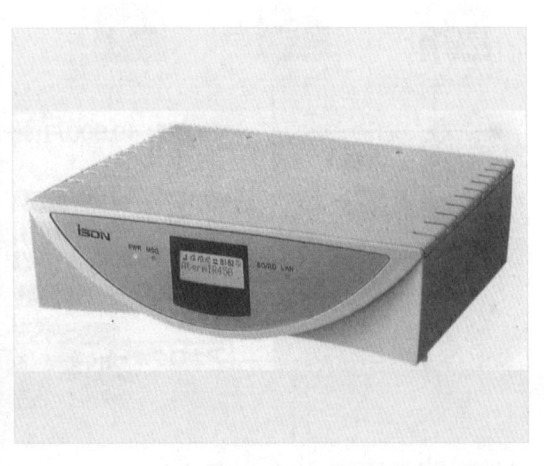

⑤**通信用ソフトウェア** パーソナルコンピュータとモデムやTAを通信装置としてはたらかせるためのソフトウェア。コンピュータ通信の目的によって，さまざまな専用ソフトウェアがある（→ p. 23）。

このほかLAN[4]の場合には，LAN用のケーブルとLANケーブルを接続するLANアダプタ（LANカード）が必要となる。

[4] LAN: Local Area Network
構内ネットワーク

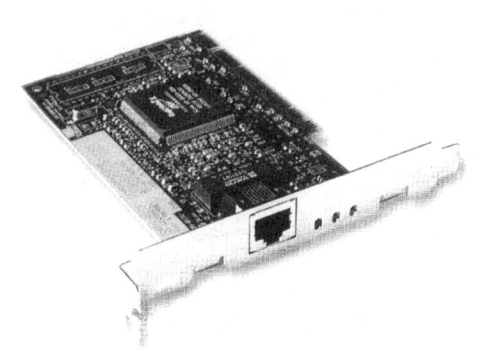

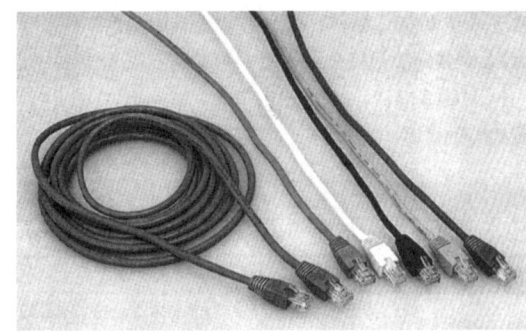

図3-4 デスクトップ・パソコン用LANカード（左），LANケーブル（右）

> **モデム**
>
> コンピュータ内のデータは，ディジタル信号である（→ p. 24）。
>
> 一方，通常の電話回線を流れる音声は，連続的に変化する信号で，アナログ信号という。したがってコンピュータの信号は，いったんアナログ信号に変換してから電話回線に流し，通信を受けるほうで，ふたたびディジタル信号に変換するという方法をとる。この，ディジタル信号をアナログ信号に変換変調する装置（Modulator），その逆にアナログ信号をディジタル信号にかえる復調装置（Demodulator）が「モデム（Modem）」である。
>
> ModemはModulator/Demodulatorの略。 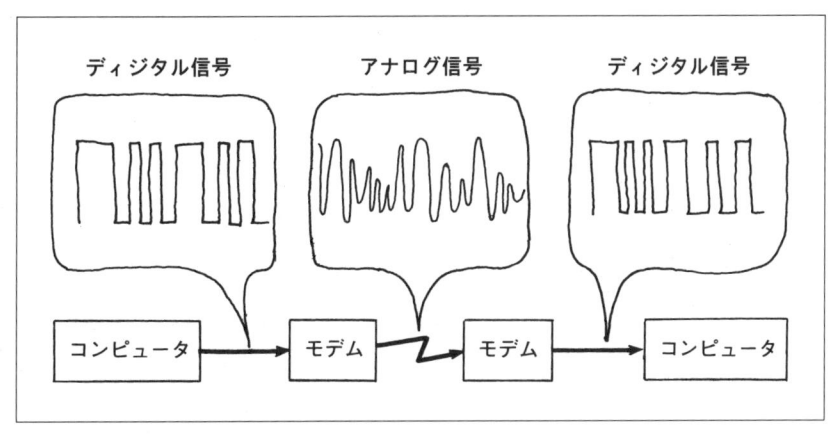
>
> 図3-5 ディジタル信号とアナログ信号

1 コンピュータと通信　**73**

2 インターネットのしくみと利用

1 インターネットのしくみ

インターネットは，全世界のホストコンピュータが通信回線で接続されている，ネットワークのネットワークといえる。このインターネットに自分のパソコンを接続させるためには，まず，インターネットへの接続サービスをしている業者[1]に接続することが必要である。プロバイダのコンピュータは専用線でインターネットにつながっているので，ここを経由して全世界のコンピュータと通信ができる（図3-6）。

プロバイダへの接続には専用の回線で常時接続する方法と，一般の公衆回線（電話回線やISDN回線）を使い，必要なときにダイヤルして接続する方法（「ダイヤルアップ接続」という）とがある。

コンピュータやモデムなどの必要な機器を用意して，プロバイダにダイヤルアップ接続するまでの手順は次のようになる[2]。

① 機器の接続

パーソナルコンピュータとモデム（またはTA），モデム（またはTA）と電話回線をそれぞれケーブルで接続し，パーソナルコンピュータの電源を入れる。

② 通信用ソフトウェアを起動し，メニューから「ダイヤルアップ接続」を選び，通信条件などの設定をする（→囲み）。

[1] インターネット・サービスプロバイダ（略して「プロバイダ」または「ISP」）という。

[2] プロバイダに前もって入会手続をしておくことが必要である（→p.75 囲み）。

通信条件（プロトコル）の設定

コンピュータ通信をおこなう場合，通信をおこなう双方で，データの受け渡し方法などの通信条件（プロトコル）が一致していなければならない。インターネットでは，TCP/IPという規約に従って設定する。設定はプロバイダへの入会時に送られてくる説明書に従っておこなえばよい。

③プロバイダの電話番号（アクセスポイント❸）を登録する。
④「識別番号（ID）」（➡囲み）の入力欄に，IDを入力する。
⑤つづいて「パスワード」（➡囲み）の入力欄に，前もってプロバイダに登録してある「パスワード」を入力する。
⑥「ダイヤル」をクリックする（➡囲み）。

❸プロバイダは全国各地にアクセスポイントを設置しているので，自分に最も近いポイントを選ぶ。

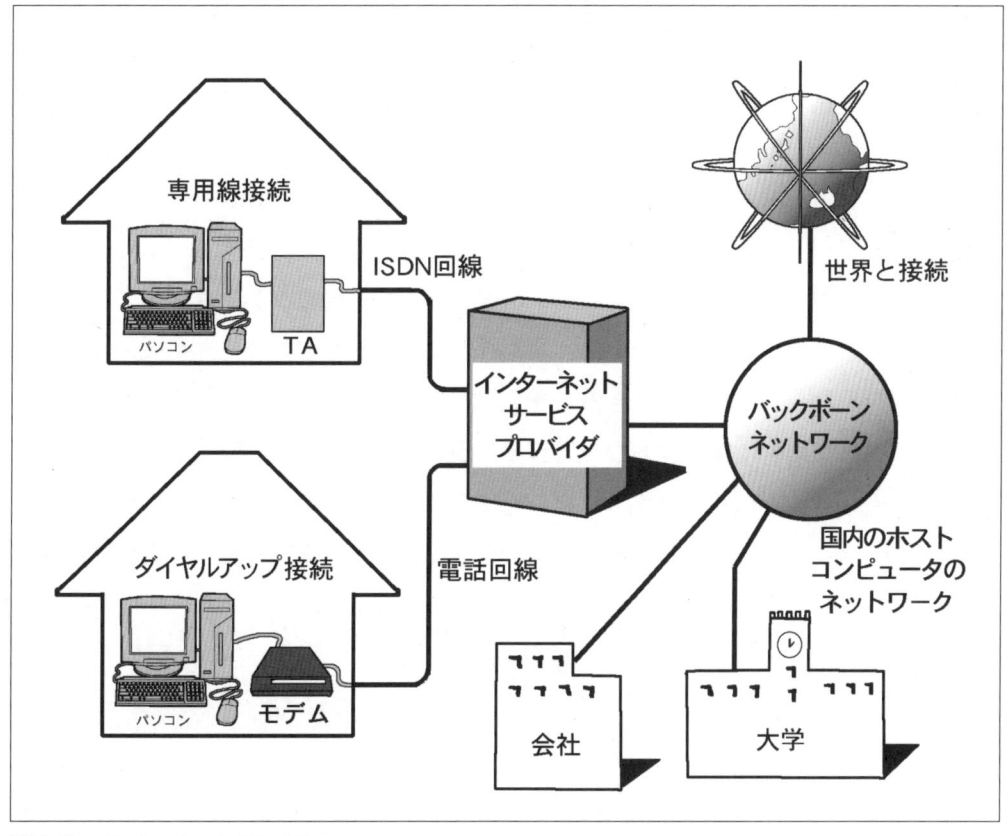

図3-6　インターネットのしくみ

IDとパスワード

　近年，数多くのインターネット・サービスプロバイダがサービスをおこなっている。インターネットに接続するには，このいずれかの会員になることが必要である。会員には「識別番号（IDという）」が発行される。プロバイダに接続するときはこのIDを使う。

　パスワードは，ネットワークに接続するときに，本人であることを証明するもので，暗号化されている（銀行のキャッシュカードの暗証番号に相当する）。これも，前もって登録しておく。

　IDとパスワードを入力し，プロバイダとデータのやりとりができる状態にすることを「ログイン」という。通信ソフトウェアにID，パスワードを記憶させておいて自動的にログインすることもできる。これを「オートログイン」という。

2 インターネットでできること

インターネットの発展・普及にしたがって，さまざまな情報サービスが可能になってきた。その代表的なものをあげておこう。

①**電子メール** インターネットを通じて特定の相手にあてて，メッセージを送ることができる。ちょうど，手紙（メール）を出すことと似ているので「電子メール（あるいはEメール）[4]」とよばれる。

②**情報提供サービス** インターネットの情報提供サービスはWWW[5]とよばれ，企業や個人がつくったWebページを閲覧することで多くの情報が入手できる。Webページにはニュース，天気予報，ショッピング情報，レジャー情報など，さまざまな情報が提供されている。また，新聞や書籍などのデータベースを利用することもできる（→ p.77囲み）。

③**ソフトウェアライブラリー** Webページには，ソフトウェア（プログラム）を一般に公開しているものもある。しかし，すべてが無料というわけではなく，使用にあたって，一定の使用料を払うことが必要なソフトウェアもある。

[4] Electric Mail，略してe-mail。

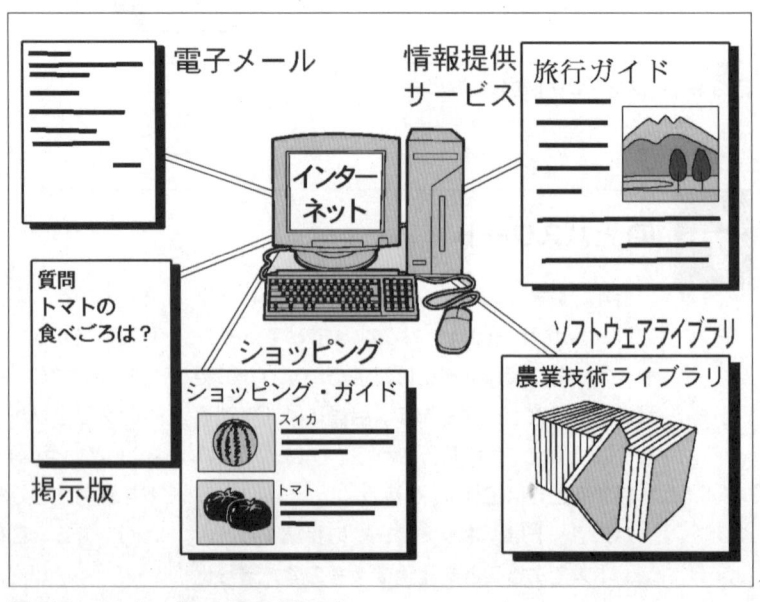

[5] WWW: World Wide Web
Webは「くもの巣」の意味。インターネットによるネットワーク網をくもの巣にたとえている。

図3-7 インターネットでできること

④**オンラインショッピング** Webページを利用した通信販売システム。通信販売会社の提供する一般の商品のほか，航空券・映画や劇場の入場券・書籍などを購入あるいは予約することができる。

⑤**電子掲示板**（BBS[6]） Webページに，自由にメッセージを書き込んだり，読み出したりすることのできるシステム。この掲示板に「お知らせ」を出したり，質問や，仲間募集などのメッセージを掲示したりすることができる。また掲示に対する返事を書き込んだり，掲示した人へ電子メールを出すなどして，情報交換をすることができる。

⑥**その他** 特定のテーマや趣味・関心事を同じくする人どうしが，情報やメッセージをやりとりする「メーリングリスト」，会話するように電子メールをやりとりできる「チャット」や「インスタントメッセージング」，電話のように通話できる「インターネット電話」など，さまざまなサービスが発達してきている。

[6] BBS: Bulletin Board System

データベース

「データベース」とは，一定の目的にそった情報を集め，これを利用しやすいように整理したものである。たとえば，電話帳は電話番号に関するデータベースである。

データベースは，コンピュータを利用することによって，その作成や管理を能率的に行うことができる。現在，多くの種類のデータベース用ソフトウェアがつくられ，市販されている。

また，インターネット上での情報提供においてもデータベースは重要な役割を果たしている。新聞社，放送局，書店，その他多くのメディアがさまざまな情報をデータベースの形で提供している。

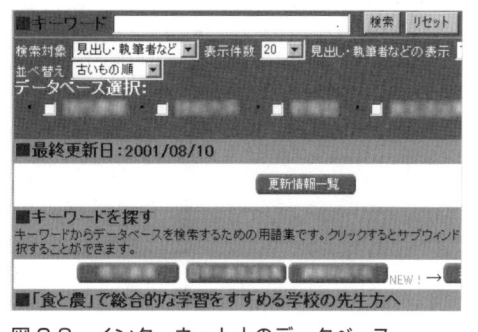

図3-8　インターネット上のデータベース

3 農業におけるインターネットの利用

　農業分野でもインターネットの利用が始まっている。仲間どうしの情報交換にとどまらず，全国各地あるいは世界各地の農家との交流もインターネットによって自宅にいながらかんたんにできる。それによって，農業をとりまく問題について議論をしたり，新しい農業技術や資材に関する情報を得たりすることができる。

　さらに，通信の相手は農家に限らず，消費者にも広がる。農家が消費者から直接注文を受けて農産物を販売するという，新しい流通形態もできた。

　また，気象ロボットからの観測データや気象衛星からの画像データ，市況の数値データなどをインターネットを介して自分のコンピュータに取り込み，気象災害や害虫の予防や作業計画，出荷計画づくりに役立てる農家も増えてきている。

　このような農業におけるインターネットの利用については，第4章，第5章でくわしく学ぶ。

4 インターネットのセキュリティ（安全性）

　インターネットが発達し，世界中のホストコンピュータがネットワークで結ばれると，新たな問題も起きてくる。

　第1は，氏名，生年月日などの個人情報の保護の問題である。このような個人情報は通常一般のユーザが操作できないように保護されている。しかし，現実にはこれが盗まれたり，改ざんされたりしたという報道がなされている。

　第2は，いわゆるコンピュータウイルス問題である。このウイルスはたいへん小さいコンピュータプログラムで，電子メールや情報を読み込んだときに紛れ込んできて，端末であるパソコンの中のデータを消してしまうなどの「悪さ」をする。ウイルスに感染したかどうかを判定し，破壊されたデータを修復するプログラム（ワクチン）が開発されると，すぐにそのワクチンでは処理できないような新たなウイルス（プログラム）が開発されるという状況がつづいている。

このような安全性を保つためには，パスワードについては，他人が覚えにくいものを設定する，定期的にパスワードを変更するなどが必要である。ウイルスに対しては，ワクチンを常に新しいものにする，定期的にパソコン内のデータをバックアップするなど，いずれにしてもユーザ自らが十分気をつけることが最も重要である。

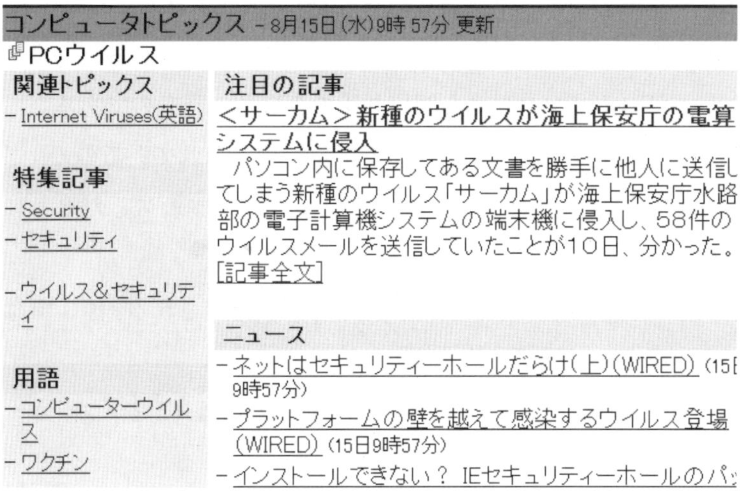

図 3-9　ウイルスについて報じるホームページ

第3章 コンピュータネットワークの活用

1 ホームページの閲覧

インターネット上の重要なサービスにWWWがある。これは，ネットワークのホストコンピュータ（インターネット上ではWebサーバ❶という）に蓄積されているデータをインターネットにつながっているパソコンから閲覧利用できるというものである。

Webサーバのデータは，ページ単位で保存されているので，これらをWebページという。また，ユーザがアクセスしたときに最初に表示されるページをホームページという❷。

このWebページのある場所❸はURL❹で指定される。図3-10はURLの表記例である。

ユーザがパソコン側でWebページを見るには，閲覧ソフトウェア（Webブラウザという）を使う。

❶サーバ：ネットワーク上で，ほかのコンピュータに情報を提供したり，データを処理したりするコンピュータをいう。

❷最近はWebページ全体をまとめてホームページという場合もある。

❸Webページのある場所という意味で，Webサイトという。その住所がURLである。

❹URL: Uniform Resource Locator

❺ドメイン（domain）
　プロバイダあるいは組織に割りあてられた名前。
　そもそもは「所有地」という意味であるが，ここでは「住所表記」というような意味で使われている。

```
http://www.ruralnet . or. jp/
```
（プロトコル）（サーバ名）（組織名）（組織種別）（国記号）
　　　　　　　　　　　　　　（ドメイン名❺）

記号の読み方　：（コロン）　/（スラッシュ）．（ドットまたはピリオド）

図3-10　URL表記例

	国　名　な　ど
jp	日本
uk	イギリス
kr	韓国
de	ドイツ
fr	フランス
com	一般企業（世界共通）
edu	米国学術機関
gov	米国政府

図3-11　ドメインの例

	jp（日本）以下で使われる組織種別
ac	大学などの学術機関
co	一般企業
ed	幼稚園・小学・中学・高等学校
go	政府機関
ne	ネットワークサービスプロバイダ
or	財団法人・宗教法人などの組織・団体

図3-12　組織種別名

演習 1 ルーラルネットの「食と農　学習のひろば」のページにアクセスしてみよう。

>[手順]
>
>①ブラウザを立ち上げる❻。
>
>②URL を入力する
>
>「アドレス」あるいは「場所」とあるところに以下のように入力し［実行キー］を押す❼。
>
>http://www.ruralnet.or.jp
>
>③ホームページが表示されたら，「食と農学習のひろば」とあるところにマウスカーソルをあわせる。
>
>④カーソルが指先ポインタに変わったらクリックする（→図3-14）。

❻プロバイダへの接続が設定されているものとして説明する（→p.74）。

❼URL はすべて半角文字で入力する。

図 3-13　URL の入力画面

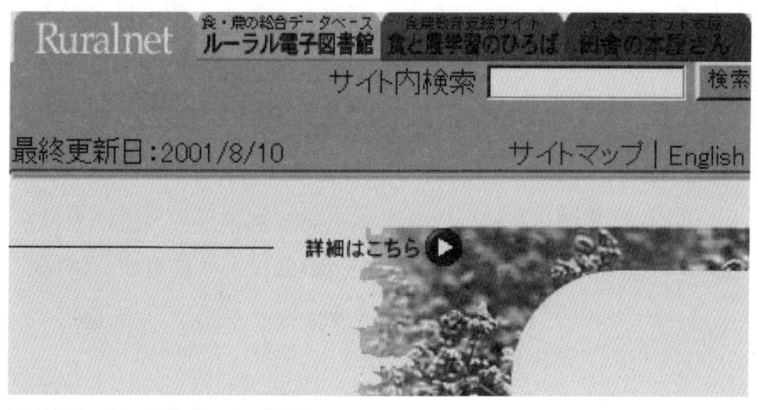

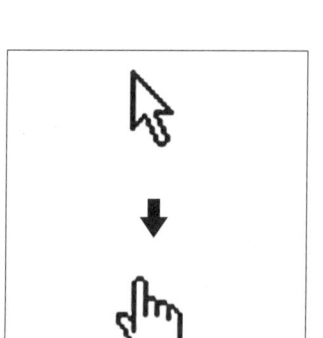

図 3-14　カーソルが指先に変わるところ

図 3-15　ルーラルネットの画面

リンク

　上の例のように，Web ページ（ホームページ）のある部分（文字や画像など）をマウスでクリックすると，関連づけされているほかのページがよび出される。このようにページを関連づけることを「リンク」という。また，このように関連づけられて，相互に参照できるようになっているテキストを「ハイパーテキスト」という。

3　コンピュータネットワークの活用

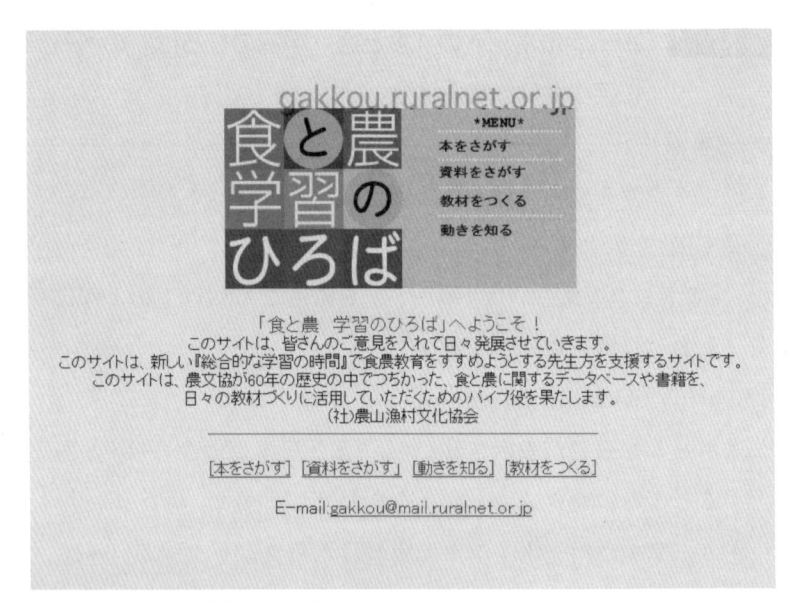

図3-16 「食と農学習のひろば」の画面

演習 2 ホームページに目印をつけてみよう。

　あるWebサイトが気に入ったので，またアクセスしたいとか，何度もアクセスする必要がある，などというようなとき，いちいちURLを入力するのはめんどうである。ブラウザにはこのようなとき，特定のページのURLを登録しておき，いつでもよび出せるようにする機能がついている[8]。

[手順]
① URLを登録したいページを表示させる。
② メニューから［お気に入り］→［お気に入りに追加］（あるいは［ブックマーク］→［ブックマークを追加］）を選択する。

演習 3 登録したページにアクセスしてみよう。

[手順]
① メニューから［お気に入り］（あるいは［ブックマーク］）を開く[9]。
② 登録されているページから目的のページをマウスで選択する。

[8] ブラウザによって「お気に入り」や「ブックマーク」といわれている。ブックマークは「しおり」の意味。

[9] アイコンをクリックしてもよい。

2 情報の検索

インターネット上のWWWには膨大な量の情報がある。この多くの情報のなかから自分が必要とするものを探し出すこと（検索という）はインターネットを利用するうえでの重要な技術といえる。

Webページ（ホームページ）には，この検索のための機能をもっているものがある。また，情報検索を専門とするWebサイト[10]もある。このようなページを適切に利用して，WWWを有効に活用しよう。

[10] 検索サイトあるいは検索エンジンという。

(1) キーワード検索

ある語句に一致するか，その語句を含むものを探し出すことを「キーワード検索」という。

演習 1 キーワードで検索してみよう。

検索サイトで「農薬」をキーワードにしてキーワード検索をしてみよう。

手順
①検索サイトをよび出す。
②キーワード入力欄に，「農薬」と入力する[11]。
③キーワード「農薬」を含むWebサイトの一覧が表示される。

[11] 間にスペースを入れて，2つ以上のキーワードを入れることもできる。この場合はAND検索になる（→ p.84 囲み）。

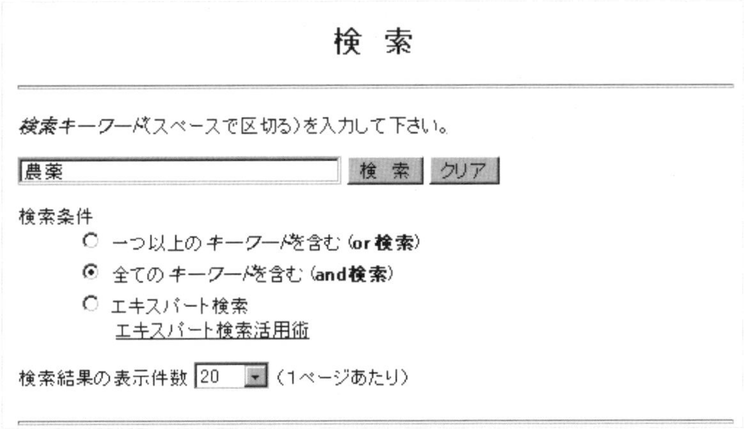

図3-17 キーワード入力

3 コンピュータネットワークの活用

> 検索結果の件数が多すぎる場合は別のキーワードを追加し，さらに情報を絞り込む。ここでは「りんご」と入力してみる。
> ④目的とするサイト，あるいは閲覧してみたいサイトがあればサイト名をクリックしてページを開く。

図3-18 絞り込み

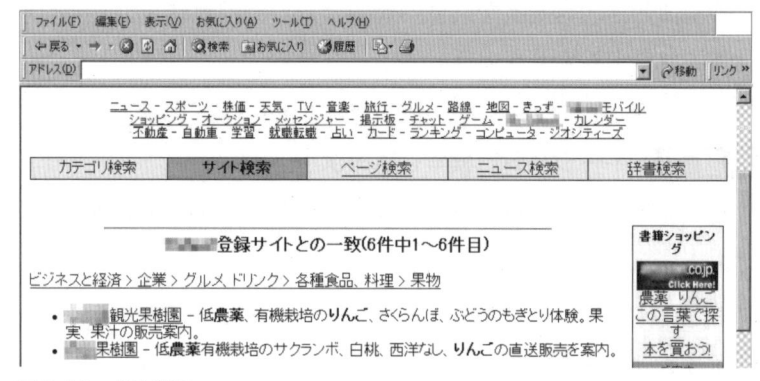

図3-19 検索結果

OR 検索，AND 検索，NOT 検索

キーワードどうしを OR 検索，AND 検索，NOT 検索で指定して検索結果を比較してみよう。A と B という2つのキーワードを入れた場合，AND 検索は，A，B の両方を含むもの OR 検索は，A，B のいずれかを含むもの NOT 検索は，A を含むが B を含まないものを探し出す。

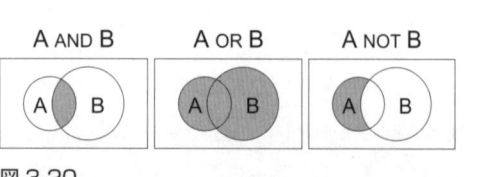

図3-20

84　第3章　情報通信ネットワークの活用

(2) カテゴリー検索

　検索サイトのホームページでは，カテゴリー（分類項目）が表示されているものが多い。このようなページでは，カテゴリーを，大分類から下位の分類へ次々にたどることによって，目的のサイトへ到達することができる。あるカテゴリーに到達するのに別のルートをたどるということもできる。

　　（例）・教育→高校→都道府県別→高校名
　　　　　・地域情報→都道府県→県名→教育→高校名

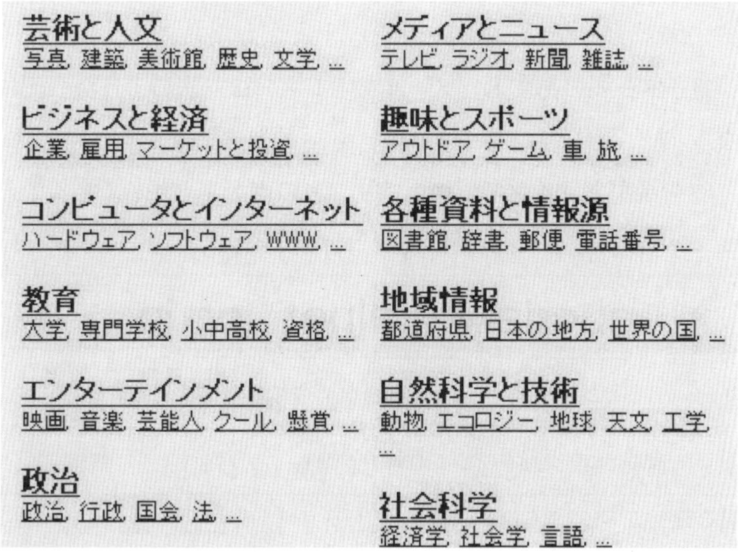

芸術と人文	メディアとニュース
写真, 建築, 美術館, 歴史, 文学, ...	テレビ, ラジオ, 新聞, 雑誌, ...
ビジネスと経済	趣味とスポーツ
企業, 雇用, マーケットと投資, ...	アウトドア, ゲーム, 車, 旅, ...
コンピュータとインターネット	各種資料と情報源
ハードウェア, ソフトウェア, WWW, ...	図書館, 辞書, 郵便, 電話番号, ...
教育	地域情報
大学, 専門学校, 小中高校, 資格, ...	都道府県, 日本の地方, 世界の国, ...
エンターテインメント	自然科学と技術
映画, 音楽, 芸能人, クール, 懸賞, ...	動物, エコロジー, 地球, 天文, 工学, ...
政治	社会科学
政治, 行政, 国会, 法, ...	経済学, 社会学, 言語, ...

図 3-21　カテゴリ検索の画面

演習 2　カテゴリー（分類項目）検索をしてみよう。

　自分が住んでいる市・町・村のホームページをカテゴリー検索で開いてみよう。

3 電子メールの送受信

インターネットを利用して，メッセージをやりとりする電子メール（あるいはEメール）は，

①文字ばかりでなく画像・音声・動画なども送ることができる[12]

②低コストで，短時間に送ることができる

③相手の場所や時刻に関係なく送ることができる

④送られてきたディジタルデータを再利用することができる

などの特徴がある。

電子メールのあて名（メールアドレス）は，次のような表記になる。

@の後がドメイン名（→p.80），@の前がユーザ名である[13]。

[12]ディジタル化（→p.24囲み）されていることが必要。

[13]ユーザ名はすべて半角英数字。全角文字，半角カタカナは使えない

abcde@ruralnet.or.jp

（ユーザ名）（組織名）（組織種別）（国記号）

（ドメイン名）

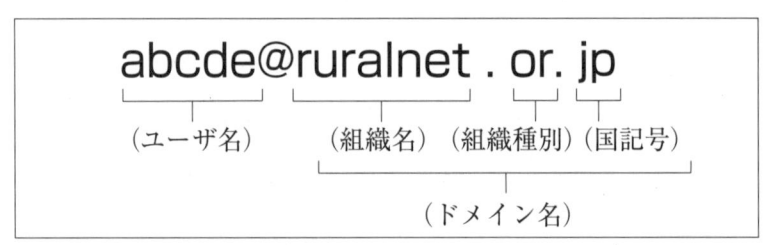

図3-22 アドレス表記例

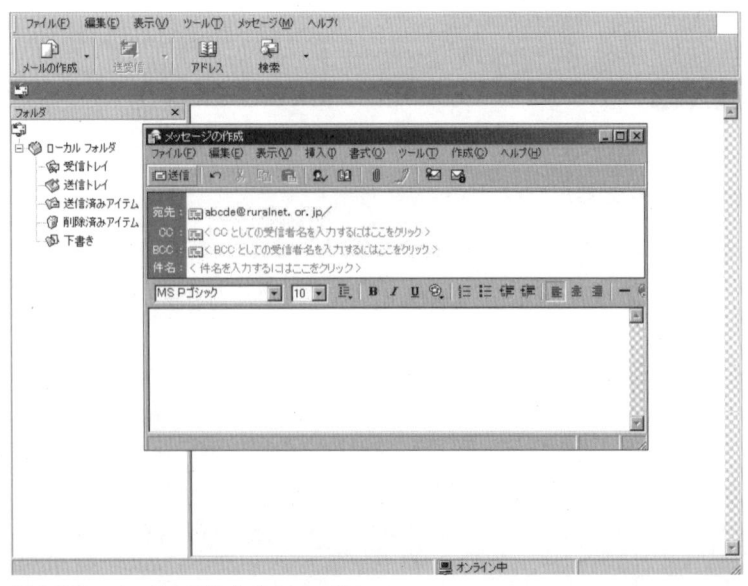

図3-23 メッセージの作成ウィンドウ

演習 1 電子メールを送信してみよう。

電子メールの送受信には,「メールソフト」を使う。

―[手順]―
① メールソフトを起動する[14]。
② [メッセージの作成] を選択する。
③ 「宛先」ボックスに相手のメールアドレスを入力する[15] (→ 囲み)。
④ 「件名」ボックスにメールの件名(題名)を入力する (→ p. 88 囲み)。
⑤ メッセージ欄に本文を入力する。
⑥ [メッセージの送信] を選択する[16]。

[14] オートログインが設定されているものとして説明する (→ p. 75 囲み)。

[15] このとき, 半角英数で入力すること。「.」の位置をまちがえたり,「@」を大文字で入力することがないように注意する。

[16] メールを何通も書くような場合, いったん下書き用のフォルダに保存しておいて, あとでまとめて送信することもできる。

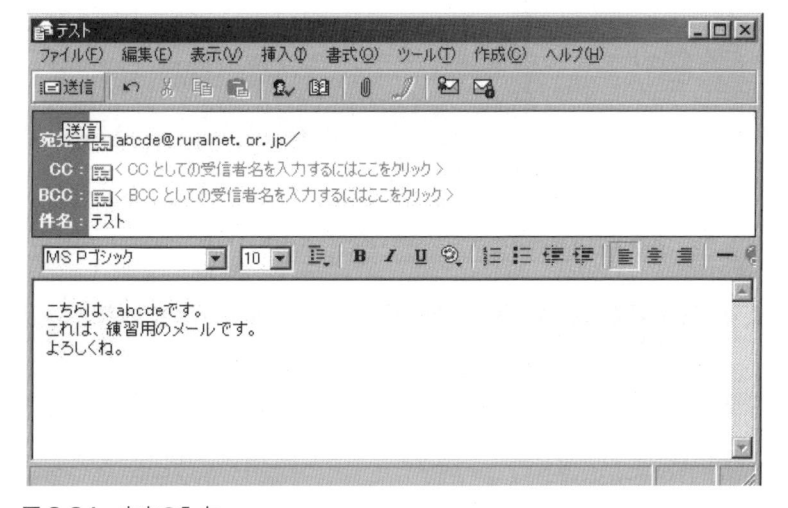

図 3-24 本文の入力

アドレス帳を利用する

メールアドレスを登録しておく「アドレス帳」という機能もある。一度登録しておけば, 入力する手間が省け, 入力ミスも防げるので活用しよう。「宛先」のアイコン部分をクリックすると, 登録したアドレスの一覧が表示される。そこから選択し, OK ボタンをクリックすると, 宛先欄にアドレスが入力される。

図 3-25 アドレス帳

3 コンピュータネットワークの活用

演習 2　電子メールの受信

──[手順]──

① メールソフトを起動する。
② ［受信］あるいは［送受信］を選択する。
　着信したメールは「受信トレイ」にはいる（図3-26）。
③ 「受信トレイ」の中の差出人一覧から未開封のメールを選択して開く（図3-27）❼。

❼新しく着信して，まだ読んでいない（未開封の）メールは，太字で表示される。

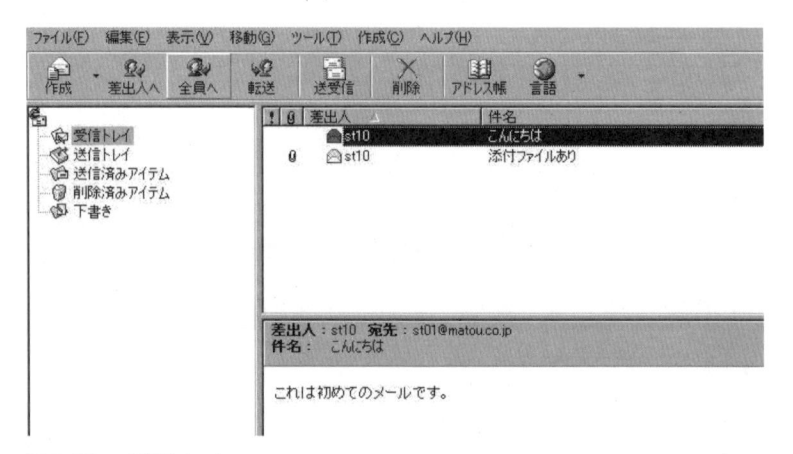

図3-26　受信トレイ

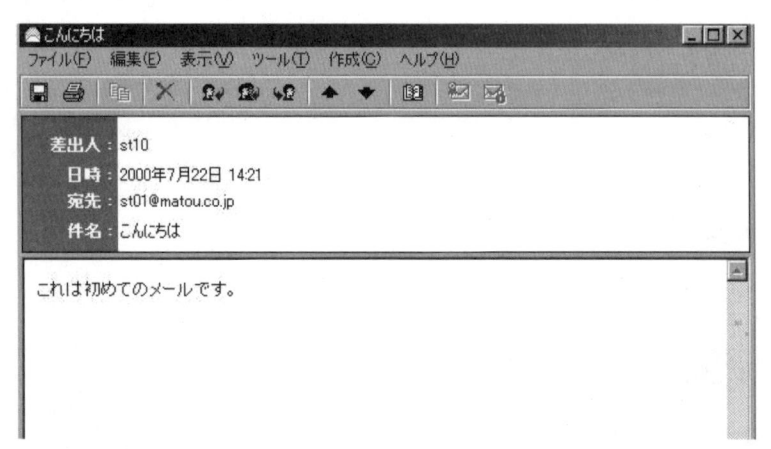

図3-27　受信メールを開く

件名は内容を簡潔にあらわすものに

　件名をきちんと書く習慣をつけよう。メールを活用するようになると，一度に何通ものメールをやり取りするようになる。したがって，どのような用件かが一目でわかるようにしておくのが，相手に親切であり，また確実に読んでもらえることにもなる。

第3章　情報通信ネットワークの活用

演習 3 添付ファイルの保存

メールに添付ファイルがついている場合は，ファイルを別のフォルダに保存する。保存したファイルは，そのファイルを作成したアプリケーションを起動して開く（➡囲み）。

> **[手順]**
> ①メニューから［添付ファイルの保存］を選ぶ。
> ②ファイルの保存先を指定し，［保存］を実行する。

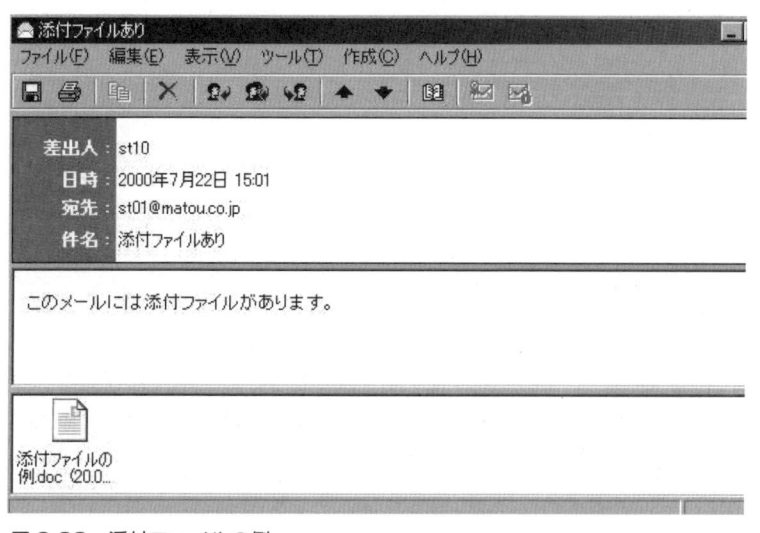

図 3-28 添付ファイルの例

👉 添付ファイル

ワープロソフト，表計算ソフト，グラフィクスソフトなどで作成したファイルを，メールに添付して送ることができる。ただし，あまり大きなサイズのファイルは，送信に時間がかかりすぎたり，受信できなかったりするので避けるべきである。この場合，ファイルを圧縮して小さくする専用ソフトを使えば，サイズを小さくすることができる。

ファイルを添付するには，メッセージの作成画面で，メニューの［挿入］から［添付ファイル］を選ぶ（あるいは［添付］のアイコンをクリックする）。ファイルの選択画面になるので，添付するファイルを選択し実行する。

保存したファイルを開くときは，そのファイルを作成したアプリケーションソフトを起動する。圧縮されたファイルの場合は，専用ソフトで展開する。

演習 4 メールに返事を出してみよう。

メールに返事を出すとき，メールソフトの返信機能を使うと便利である。

─ 手順 ─

① 返事を出すメールを開くか，マウスカーソルで選択した状態で［差出人へ］を選択する（図3-29）。
● 返事のあて先が自動的に入力されたメール作成画面が開く。「件名」欄には相手の件名の前に「RE:」[18]がついた新しい件名が入力されている。また，メッセージ作成欄には受信したメールの本文が表示されている。
② 返事を書く（図3-30）。
③ ［メッセージの送信］を選択する。

[18] RE: reference（件名）の略。

図3-29 ［差出人へ］を選択する

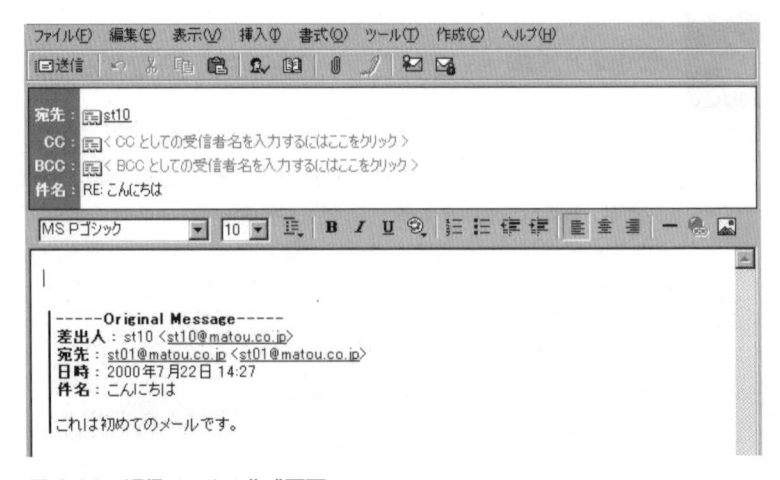

図3-30 返信メールの作成画面

演習 5 受信したメールを整理しよう。

メールをやりとりするようになると，受信したメールの整理が必要になる。そこで，差出人や用件ごとのフォルダをつくり，メールを分類する。

―手順―
① メニューから「フォルダ」の［新規作成］を選び，「フォルダ名」を入力する。
② 新しくできたフォルダに移すメールを「受信トレイ」からドラッグする。
③ 不要なメールはマウスで選択してから削除ボタンを押すと「削除済みアイテム」フォルダに移動する。

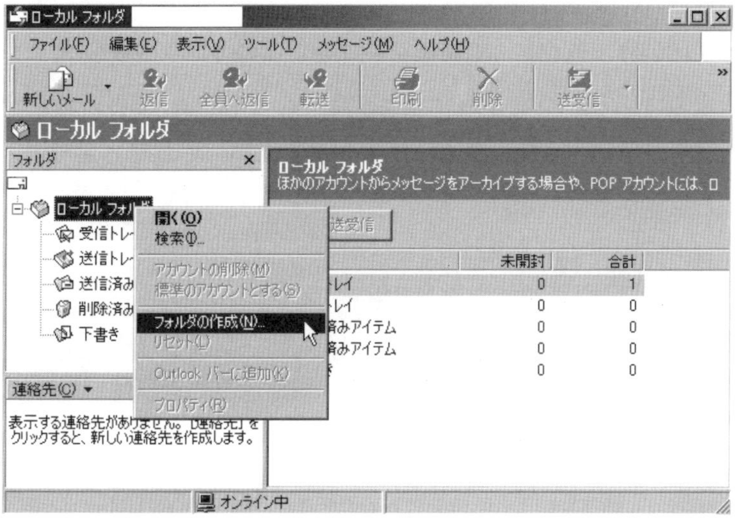

図 3-31 フォルダの作成

知らない人からのメールは要注意！

知らない人から添付ファイルのついたメールがきたら要注意である。添付されているファイルにウイルスがついている危険性がある。この場合，添付ファイルをクリックして開いたり実行したりするとウイルスに感染してしまう。添付ファイルの扱いには十分な注意が必要である。
また，個人情報やパスワードを盗む目的のメールや不幸の手紙に類したメール，ネズミ講など違法な商法への勧誘などのメールが送られてくることもある。このようなメールには決して返信メールを送らないようにしよう。いずれにしても，知らない人からのメールには十分に注意しよう。

4 Webページの作成と情報発信

ここではWebページを自分で作成し，WWWに発信する手順を学ぼう。

まずWebページがどのように作成されているかをみてみよう。

(1) ホームページのしくみ

Webブラウザで図3-32のようなWebページを開き，メニューから「ソースの表示」を選ぶ。すると，図3-33のような文字と記号だけの画面があらわれる。これが，いま開いているWebページを表示するための元のファイルである。

このファイルはHTML[19]といわれるプログラム言語で書かれている。〈 〉内をタグ[20]といい，文書の書式（書体・文字の大きさ・けい線・色など）や画像データなどへのリンク（→p.81）を指定している。つまり，ブラウザは，このHTMLで書かれたテキストファイルを読み込み，タグの指示に従って画面に表示するはたらきをしている。

[19] HTML: Hyper Text Markup Language

[20] コンピュータに与える命令の一種。ふつう〈 〉ではさんで書く（→p.95囲み）。

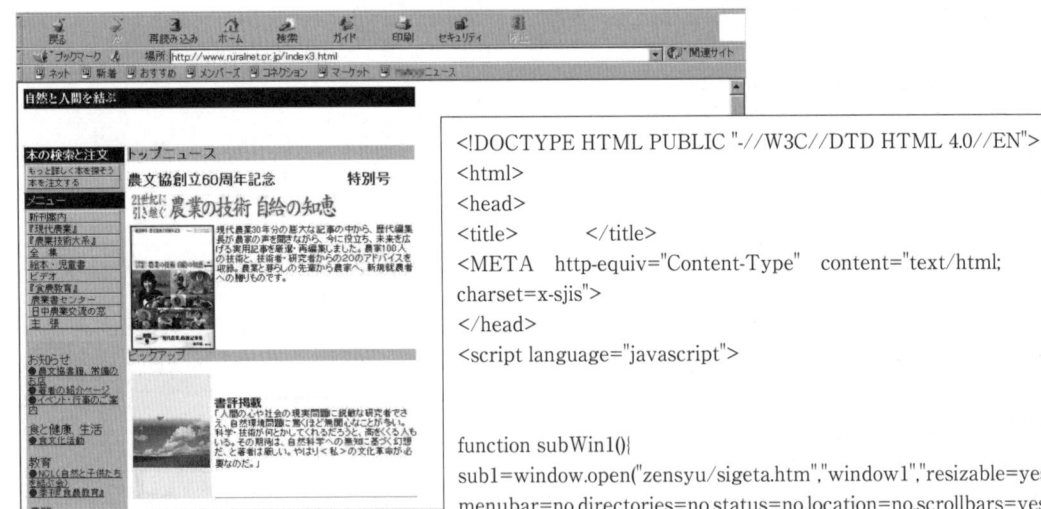

図3-32 ホームページの例

図3-33 ソースの表示

(2) HTMLファイルの作成

　HTML形式のテキストファイルを作成し，閲覧ソフトで開いてみよう。

演習 1　テキストに直接タグを書き込んで表示させてみよう。

[手順]

①エディタ[21]かワープロソフトで図3-34を参考にタグを書き込み，テキスト形式で保存する。このとき，拡張子[22]をhtmlにする。

②閲覧ソフトで開く（図3-35のように表示される）。

[21]エディタ：テキスト形式ファイル専用の編集ソフト

[22]拡張子：ファイルの種類を示すもの。ファイル名のあとにピリオドを入れ，そのあとにつける。

```
<HTML>
<TITLE>農業研究ホームページ</TITLE>
<BODY>
<FONT FACE="MS ゴシック" SIZE=6 COLOR="#008000"><P ALIGN="center">ホームページをつくろう</P></FONT>

<FONT FACE="MS 明朝" SIZE=5 COLOR="#0000ff"><P ALIGN="center">インターネットで</P></FONT>

<FONT FACE="MS 明朝" SIZE=3 COLOR="#ff0000"><P ALIGN="center">世界へ発信しよう</P></FONT></BODY>
</HTML>
```

図3-34　タグを書き入れたテキスト

図3-35　表示画面

3　コンピュータネットワークの活用

[23]実際にWebページを作成するには、専用のWebページ作成ソフトを利用すると便利である。これらのソフトでは、ワープロソフトと同じ感覚で画面上でページの体裁をととのえ、ファイルを保存するとHTML形式のファイルを作成してくれる。

ワープロソフトにもHTML形式でファイルを保存できるものがある。

(3) Webページ作成[23]の手順と注意点

①発信内容を検討する

　自分たちの感性や考えを生かしながら、どのような内容を発信するかを検討する。

②画像データを収集する

　画像サイズが大きいとファイルの転送に時間がかかり表示が遅くなるので、画像サイズや画像の保存形式に留意する。

③音声データを収集する

　作成するページに音声・効果音・楽曲なども挿入することができるが、著作権の問題に留意する。著作権者の許可なくその楽曲を利用することは許されない（➡ 囲み）。

④記事を入力する

　文章は、平易で簡潔なものにする。個人名を掲載する場合は、本人の許可が必要である。また、必要以上に個人の情報を公開することのないように注意が必要する。

⑤ページのレイアウトを決め、編集する

　作成するページのレイアウトを決め、装飾・色づけなどをして各ファイルを挿入する。できあがったページはHTMLファイルとして保存する。

☞ 情報発信に際して注意すべきこと

①著作権などの知的所有権や人権、プライバシーなどについて配慮すること。

②差別と誤認されたり、他人を中傷するような表現がないか確認する。

③発信内容の正確性について事前によく確認する。

④発信する情報の対象や伝達範囲がどこまでか把握し、情報発信によってどのような効果をもたらすかを十分考慮する。

タグの意味

○ **\<HTML\> ～ \</HTML\>**
HTMLファイルであることを示す。HTMLの先頭と末尾に書く。

○ **\<HEAD\> ～ \</HEAD\>**
タイトルや作成者，作成した日など全体の設定や条件を書くがブラウザには表示されない。

○ **\<BODY\> ～ \</BODY\>**
本体部分であることを示す。このなかで次のことが指定できる。
BGCOLOR = " ♯ RRGGBB" ………… 背景の色を設定する。
RGB（赤緑青）それぞれに2桁の16進数を指定する。
（例）#ff0000……赤　　#00ff00……緑
　　　#0000ff……青　　#000000……黒
　　　#ffffff……白
BACKGROUND="画像ファイル名"　… 背景に画像を設定する。
TEXT=" ♯ RRGGBB" …………………… 文字の色を設定する。

○ **\<FONT\> ～ \</FONT\>**　文字（フォント）の指定。
SIZE=7 ……………………… フォントの大きさを指定する。
　　　　　　　　　　（1が1番小さく，7が1番大きい）
COLOR="#RRGGBB" ………………… 文字の色を指定する。

○ **\<A\> ～ \</A\>**　　　リンクを設定する。

○ **\<P\> ～ \</P\>**　　　段落を変更する。
　　ALIGN="left"　　　左寄せ（左そろえ）
　　ALIGN="center"　　中央そろえ
　　ALIGN="right"　　　右寄せ

○ **\<BR\> ～ \</BR\>**　段落内で文章を改行する。

○ **\<IMG SRC = " ファイル名 "\>**
　　挿入する画像を指定する。\</IMG\>はいらない。
　　（例）　\<IMG SRC = "rennsyuu1.jpg"\>

○ **\<TABLE\> ～ \</TABLE\>**　表組み

○ **\<UL\>\<L1\> ～ \</UL\>**　番号付きリスト

○ **\<U\> ～ \</U\>**　指定した文字列に下線をつける。

○ **\<FORM\> ～ \</FORM\>**　フォームを表示させる。

(4) Webページをインターネット上に公開する

　Webページの準備ができたら，いよいよ，インターネット上に公開する。インターネットに公開する手順は次のとおりである。

①インターネットに接続しているコンピュータのハードディスク内にスペースを確保する[24]。

②自分のコンピュータ（パソコン）にある HTML ファイルや画像ファイルなどを，通信回線を使ってサーバに転送，保存する。

③URL（→ p.80）[25]を公開する。

[24] 通常はプロバイダのサーバ（→ p.80）

[25] プロバイダと契約するときに決められる。

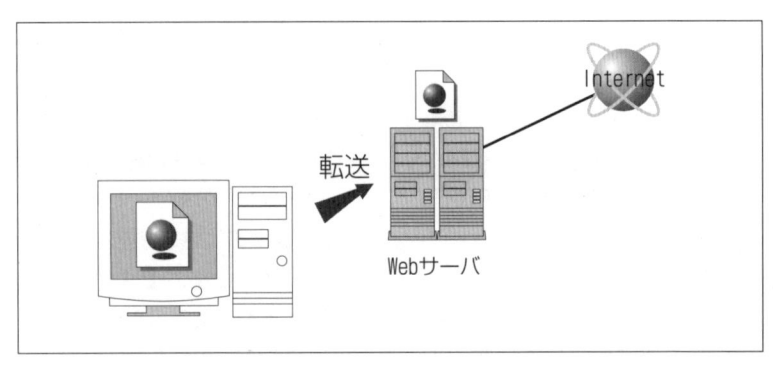

図3-36　ファイルの転送

第4章
農業における情報の活用

第4章 1 農業情報の収集と活用

1 農業における情報，情報活用の特徴

（1）農業における情報の特徴

　農業情報の特徴について農業生産と自動車生産の場合と比較しながら考えてみよう。自動車の生産においては，設計図があれば，1台当たりどれだけの材料が必要であるか，また工場で働いている人の数や組立機械の性能がわかれば，1日当たり何台生産できるかなどがすべて計算できる。あとは需要に応じて生産量を決めればよい。

　一方，農作物は，そのときの気象条件，土壌条件，栽培方法などで，収量や品質は大きく異なる。気象予測がまだまだ不正確な現在，あらかじめ生産能力を正確に決めることはきわめて困難である。また，需要も気候変動などによって大きく変わる。すなわち需要と供給の両面に不確実な要素をもっていることになる。また，生産物の品質についていう場合も，味や色，形などについて主観的な表現を使うことが多い。

（2）情報蓄積の重要性

　農業情報の活用において一番重要なのは，地道なデータ収集である。気象データや市況データのように，外部情報（➡ p.100 囲み）として得られるものもあるが，作物を育てる環境は，それぞれの農家，農場によって異なるから，ほ場内部の情報の蓄積が必要である。このような内部情報（➡ p.100 囲み）を蓄積することで，自分の営農を知り，現状の問題を解決したり，将来の計画を立てたりすることが可能になる。

2 いろいろな農業情報

農業（食料・農業・農村）に関する情報は，さまざまなものがある。それらは情報の共通性や利用目的などからいくつかに分類されることが多い。ここでは以下の4つに分けて学んでいこう（図4-2）。

農業経営にすぐれている人たちは，これらの情報をうまく活用している，農業情報の優秀な活用者といえる。

①**生活情報**　食料・農業・農村をめぐる人びとの営みについての情報である。農業・農村でくらす人びとの生活行事や催事など多様な情報がある。

②**環境情報**　農業生産をとりまく自然環境，および生産施設の環境に関する情報である。一般に図4-3のように，気象的環境・土壌的環境・生物的環境に分けられる。

③**生体情報**　動植物の成長と生理・生態についての情報である。たとえば植物の場合，発芽日数，ある日の草丈・葉数，開花・結実日，果実重，種子量などがある。動物の生体情報は，両親の能力，出生日，ある時期の体長・体重，成熟日，繁殖歴，病歴などである。

農林水産省のホームページ

農林水産省は広範な農業情報をインターネットで提供している。この農業情報の構成や，どのような情報が提供されているかをみてみよう。

図4-1　農水省のホームページ

1　農業情報の収集と活用

④**経営情報** 農業経営に関わる情報である。この情報には，土地，労働力，生産費などに関するものから，流通，市況，関係法規など政治・経済情報などがある。また，技術的な情報も含まれる。

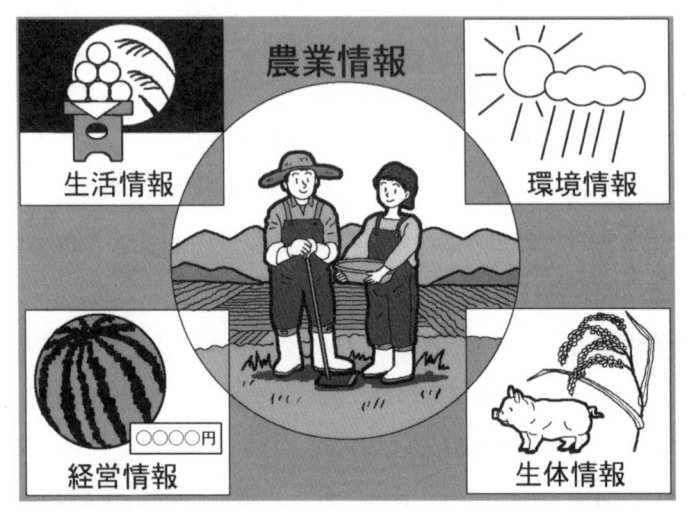

図4-2 農業情報の種類

図4-3 人・動植物のまわりの環境要素

内部情報と外部情報

生産者が自分のほ場や経営内で収集する情報を「内部情報」という。また，新聞・雑誌や市場，あるいはコンピュータ通信など，経営の外から取り込んだ情報を「外部情報」という。

農業情報の活用は，こうした内部情報や外部情報を広く収集することが基礎となる。そして情報ごとにその分析をおこない，さらに情報のあいだの関係をとらえることが大切である。

3 生活情報の収集と利用

　食料，農業，農村についての最も身近な情報は地域の農業団体，行政などからの「おしらせ情報」である。従来，こうした情報は印刷物，FAX，電話などで伝えられたが，さらに近年はインターネットを利用して収集できるようになった。全国各地の農林水産情報センターのホームページには，食料・農業・農村についての「おしらせ情報」が各地の話題とともに取り上げられている。

演習 1　　インターネットによる生活情報の収集

　最寄りの農林水産情報センターのおしらせがどのような情報を発信しているかを確認しよう。また，その情報センターが特色として発信している情報をファイルに保存整理しよう。

　　┌手順┐
　　①インターネットに接続して，最寄りの農林水産情報センターのホームページを開く（図4-4）。
　　●次回アクセスするときに便利なようにホームページのURLを保存する（→ p. 82）。

図4-4　農林水産情報センターのホームページ

②リンクされたページを順に開き,それぞれ[ファイル]-[名前をつけて保存]を実行する❶(図4-5)。

❶保存されたファイルはHTMLファイルであって,ブラウザソフトによっていつでも開くことができる。

図4-5 ホームページを保存する

HTML形式以外の文書

HTMLファイルでない特定の文書ファイルで提供されている場合がある。この場合,自動的にファイルのダウンロードが準備される(図4-6)ので,保存するサブフォルダを指定して実行する。このファイルを開くためには,そのファイルを開くためのソフトをコンピュータにインストールしておく必要がある。

図4-6 ダウンロードの始まり

文字情報のコピー

文字情報だけを保存したいときは,マウスで範囲指定をして,[編集]→[コピー]でテキストデータを取り込み,文書作成ソフトに[貼り付け]をする。こうすることで,1つの文書ファイルにたくさんの文書情報が蓄積保存できる(図4-7)。必要な文字テキストを取り込んだら,この文書ファイルを[保存]する。

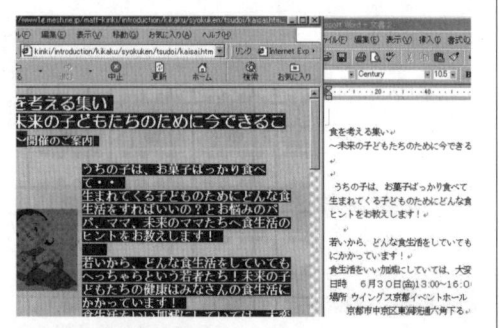

図4-7 文字情報のコピーと貼り付け

第4章 農業における情報の活用

4 環境情報の収集と利用

さまざまな環境情報のなかでも，農業生産に大きな影響を与える気象情報はとりわけ重要である。近年，気象観測と予知予報のネットワークが整備され，気象情報は全国的あるいは国際的にシステム化されている。

現在，全国1,600か所での定点観測システムが確立し，アメダスデータとして日常的に利用することができる（➡ p.152）。また，気象衛星「ひまわり」の雲画像や気圧配置図，高層気象図なども入手可能であり，農業経営における有力な情報源となっている[2]。こうした気象情報を収集して利用する方法を学習しよう。

[2] 気象情報提供法人や気象情報会社はアメダスデータなど各種の気象情報を有料で配給している。また，いくつかの公的団体はインターネット上で各種の気象情報を（無料で）提供している。

演習 1 アメダスデータを収集して，特定月の気温変化をグラフにしてみよう。

〔手順〕
① インターネットに接続して，気象データ配信のWebサイトにログインする。
② アメダスデータ配信のページから，目的のアメダスデータファイルをダウンロード（➡ p.102囲み）し，保存する[3]。

[3] アメダスのデータはCSV（カンマ区切り）という形式のファイルである。これは表計算ソフトで開くことができる。

```
竜ヶ崎観測所アメダス日別観測データ(2000年04月),,,,,,,,,
日付,午前9時気温(℃),最高気温(℃),最低気温(℃),平均気温(℃),
最多風向,最大瞬間風速(m/s),最大瞬間風向,降水量(mm),日照時間
(時)
2000年4月1日,11.7,14.5,4.7,9.5,北西,10,北西,0,10.3
2000年4月2日,11.4,15.7,0.8,9.9,西北西,6,西北西,0,6
2000年4月3日,9.7,12.1,3.8,8.6,北東,7,北東,0,1.7
2000年4月4日,11.7,15.5,3.2,9.8,東北東,5,東北東,0,7.2
2000年4月5日,11.6,15.4,9,12.1,北北東,4,西北西,14.5,0
2000年4月6日,14.4,16.6,1,12.7,北西,6,西北西,0,0.3
2000年4月7日,12.6,19.4,5.4,12.4,南南西,6,南南西,0,3.1
2000年4月8日,15.7,19.8,5.5,13.1,北北西,6,北北西,0,9
2000年4月9日,12,17.8,1.6,10.7,南南東,7,南南東,0,8.2
2000年4月10日,16.5,18.3,9.8,14.6,南南東,9,南南東,1.5,0
2000年4月11日,11.3,16.3,7.6,12.3,北西,9,西北西,11.5,6
2000年4月12日,15,19.4,3,12.2,南南西,9,南南西,0,11
2000年4月13日,16.3,21.5,8.1,14.6,東北東,9,東北東,0,8.8
2000年4月14日,15.2,21.7,8.2,15.1,南南西,9,南南西,0,0.6
2000年4月15日,13.3,13.3,7.2,10.6,東北東,6,北東,7.5,0
2000年4月16日,8.4,14.6,6,9.6,北,5,北,2.5,1.7
2000年4月17日,10.7,15.3,6.2,10.2,南南東,7,南南東,0,8.4
2000年4月18日,13.2,19.8,3.1,11.7,無風,6,南南東,0,9.3
2000年4月19日,13.6,21.4,8.6,14.4,南東,7,北東,0,2.7
2000年4月20日,12,12.5,9.7,11.3,北東,8,北東,16,0
2000年4月21日,13.4,17.8,11.8,14.9,北東,6,南,12,0
2000年4月22日,19.5,23.6,13.6,18.4,西北西,7,南南西,2.5,10.7
```

図4-8 アメダスデータのCSVファイル

> ③保存したファイルを表計算ソフトで開く（図 4-9）。
> ④最高気温，最低気温，日平均気温の推移をグラフにして日変化をみる（図 4-10）。
> ⑤表とグラフを保存する（ファイル名を F1 とする）。

	A	B	C	D	E	F	G	H	I
3	日付	午前9時気	最高気温(°	最低気温(°	平均気温(°	最多風向	最大瞬間風	最大瞬間風	降水量(mm
4	2000年4月1日	11.7	14.5	4.7	9.5	北西	10	北西	0
5	2000年4月2日	11.4	15.7	0.8	9.9	西北西	6	西北西	0
6	2000年4月3日	9.7	12.1	3.8	8.6	北東	7	北東	0
7	2000年4月4日	11.7	15.5	3.2	9.8	東北東	5	東北東	0
8	2000年4月5日	11.6	15.4	9	12.1	北北東	4	西北西	14.5
9	2000年4月6日	14.4	16	6.1	12.7	北西	6	西北西	0
10	2000年4月7日	12.6	19.4	5.4	12.4	南南西	6	南南西	0
11	2000年4月8日	15.7	19.8	5.5	13.1	北北西	6	北北西	0
12	2000年4月9日	12	17.8	1.6	10.7	南南東	7	南南東	0
13	2000年4月10日	16.5	18.3	9.8	14.6	南南東	9	南南東	1.5
14	2000年4月11日	11.3	16.3	7.6	12.3	北西	9	西北西	11.5

図 4-9　表計算ソフトで CSV ファイルを開く

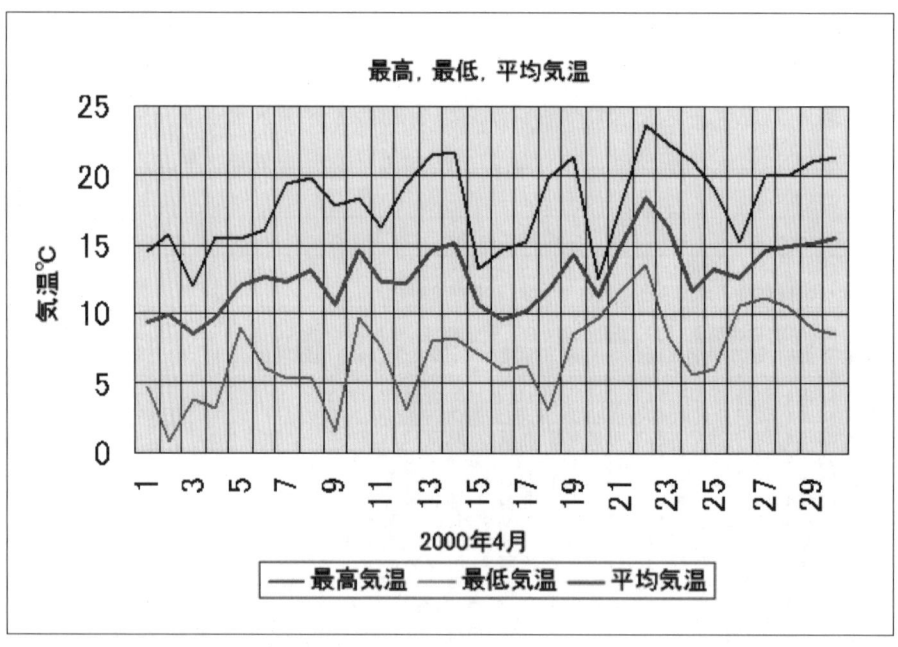

図 4-10　表計算ソフトでグラフを作成

演習 2 気象衛星の雲画像と天気図，さらに気象予想画像を取り込んでみよう。

―手順―
① 気象衛星雲画像を配信しているサイトにログインする（図4-11）。
② 現在の雲画像のページを開き，[名前をつけて保存]を実行する（ファイル名をF2とする）（図4-12）。
③ おなじように天気図画像，気象予想画像を提供しているサイトからそれぞれの画像をF3，F4として保存する❹（図4-13）。

❹ F2, F3, F4は画像ファイルなので，画像処理ソフトで開くことができる。

図4-11 ひまわりサイト

図4-12 気象衛星の雲画像

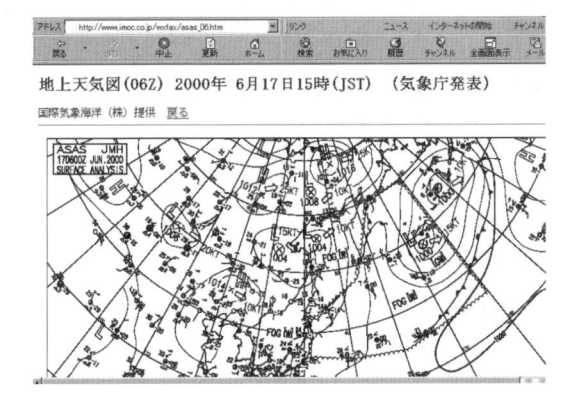

図4-13 天気図（左），気象予想図（右）

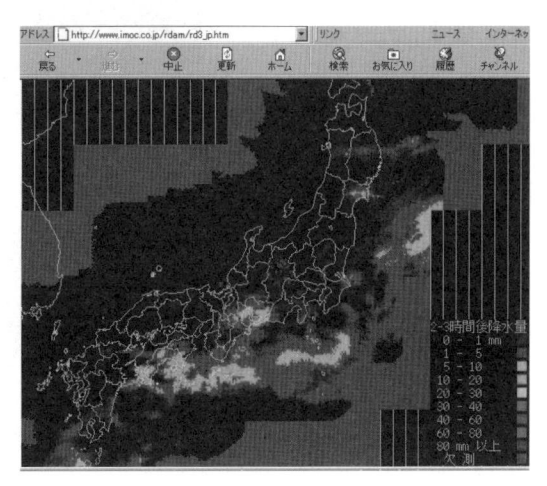

1 農業情報の収集と活用

演習 3 演習1, 2で収集した情報をもとに, 気象レポートを作成しよう。

> 「手順」
> ①文書作成（ワープロ）ソフトを起動する。
> ②表計算ソフトを起動し，演習1で作成したファイルF1を読み出し，グラフをコピーする。
> ③ワープロソフトに切り換えて，文書中にグラフを貼り付ける。
> ④画像処理ソフトを起動し，演習2で収集したファイルF2, F3, F4をそれぞれコピーして，ワープロソフトの文書中に貼り付ける。
> ⑤説明文を入力し，気象レポートを完成させる（図4-14）。

気象レポート　　　　　　　　　　　　年　組　氏名 ○○○○

F1

(1) 4月の気温の日変化をしらべる
　F1によると4月の日平均気温は上旬が低温であったことがしめされている。4月中旬の最高最低の温度差が20℃もあって，不順であったことがわかる。

(2) 6月17日の気象をしらべる
　F2, F3によると6月に発生した梅雨前線の影響で日本南に雨雲の帯ができている。前線上の低気圧は次々に西から通過しようとしている。この前線はしばらくとれそうにないように見える。

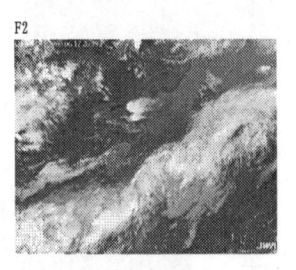

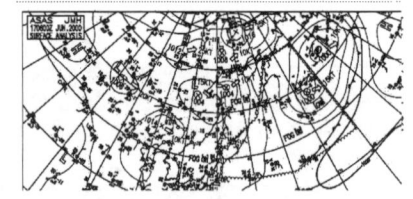

F2　　　　　　　　　F3

(3) このあと数時間の気象について
F4

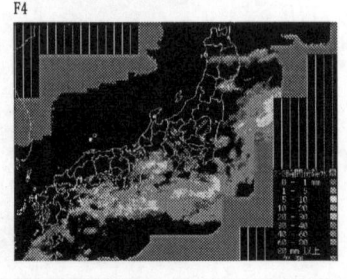

　F4によると，梅雨前線による雨域は南岸から中部にかけてまだら状態でひろがっている。時間経過にしたがって東にうつっているので，断続的な雨降り状態になるとおもわれる。

図4-14　気象レポート

5 生体情報の収集と利用

　農業生産を着実に向上させるには，作物や動物の特性を理解し，環境との関係を分析したり，成長をコントロールしたりするなどの技術が重要である。この生産技術には，個体についての情報，すなわち生体情報を正確に収集することが不可欠である。

　生体情報は，たとえば作物の生育状況を調べるなどのように，継続的な情報収集が必要となる場合が多い。

　成長を続けている生体のデータを収集する場合，次のような注意が必要である。

1. 乳牛のような大動物の場合は，すべての個体のデータを収集する。
2. 10aのイネの生育を調べるなどのような場合は，個体（標本＝サンプルという）を任意にいくつか選定する（ランダム・サンプリングという）。

　乳牛の1日当たりの搾乳量やイネの葉数，草丈などのように，経過時間とともに変化するデータ（時系列データという）は，「いつのデータか」（測定日時）をしっかり記録することが大切である。

　データの収集には，測定者が計測機器を使い計測記録する方法，自動計測機器を使う方法などがある。

　ここでは，収集された数値情報を表計算ソフトを使って分析する方法を学ぶ。

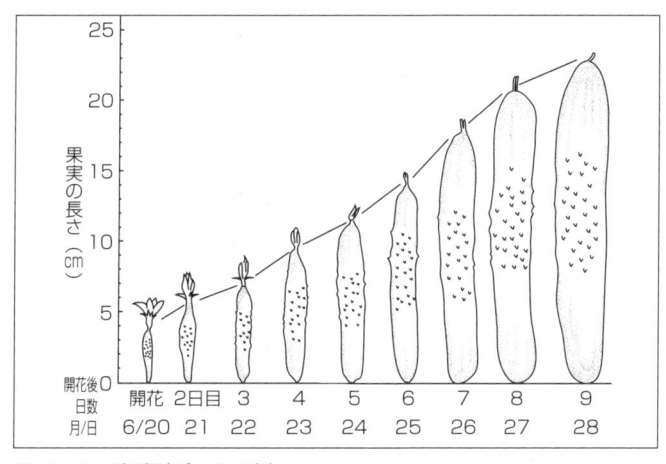

図4-15　時系列データの例

演習 1 搾乳量の移動平均を求めて，個体差を分析しよう。

次のデータは搾乳牛アツミ，アユミ，ランの搾乳量である（表4-1）。乳量の移動平均（→囲み）を求めて，個体差を分析してみよう。週の乳量とは搾乳をはじめてからn週目の1日間の搾乳量（kg）である。

表4-1 乳牛の搾乳量データ　　　　　（単位：kg/日）

週数	アツミ	アユミ	ラン	週数	アツミ	アユミ	ラン
1	20.6	26.6	32.0	17	21.4	33.0	31.2
2	28.0	31.6	36.8	18	21.8	33.8	28.2
3	29.6	32.6	43.2	19	23.0	31.6	23.0
4	33.0	41.6	44.0	20	19.2	32.2	26.8
5	32.4	43.2	43.6	21	20.8	28.5	27.8
6	34.0	42.0	46.4	22	21.0	30.4	26.8
7	33.2	46.6	45.6	23	21.2	26.6	26.4
8	33.2	32.2	40.0	24	19.4	25.6	23.1
9	33.4	41.6	41.8	25	19.4	23.4	25.0
10	31.2	42.6	41.8	26	16.0	25.0	24.6
11	23.0	36.4	39.8	27	17.2	23.6	19.6
12	26.8	39.8	36.8	28	15.6	23.0	22.0
13	26.0	35.8	36.2	29	16.3	20.0	22.3
14	25.6	35.2	38.2	30	16.0	22.4	21.2
15	23.6	35.2	25.6	31	14.7	21.2	20.8
16	24.8	35.2	32.8	32	15.2	18.4	18.4

手順

① 表計算ソフトウェアにデータを入力する。
② アツミの3週移動平均を求める。
③ アツミの各週ごとの乳量と3週移動平均をグラフにする（図4-17）。
④ おなじようにアユミとランの3週移動平均を求めグラフを作成する（図4-18）。

移動平均

生体の変化量はいつも同じリズムをもつとはかぎらない。移動平均はこうした変化の大きい項目を分析する方法である（図4-16）。

同じ系統（血統）の多くの個体について生体グラフを求めれば，結果的にその系統のモデルができることになる。実際の飼育においては，このモデルと比較をして成長や生産の状態をチェックすることができる。

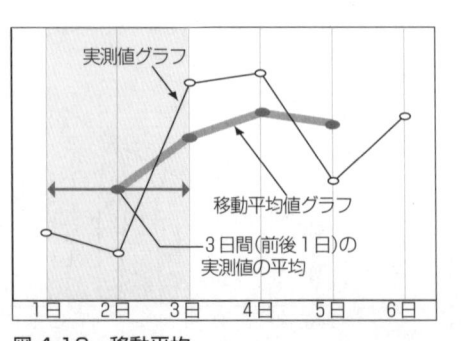

図4-16 移動平均

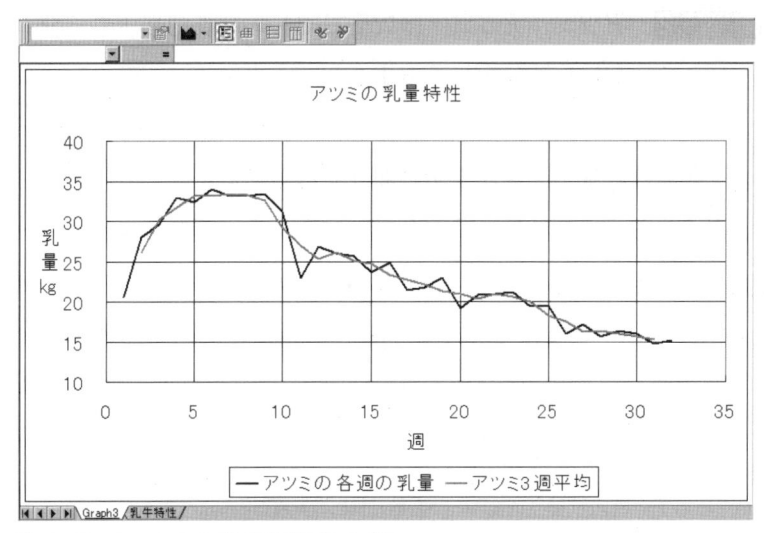

図4-17　アツミの3週の移動平均のグラフ

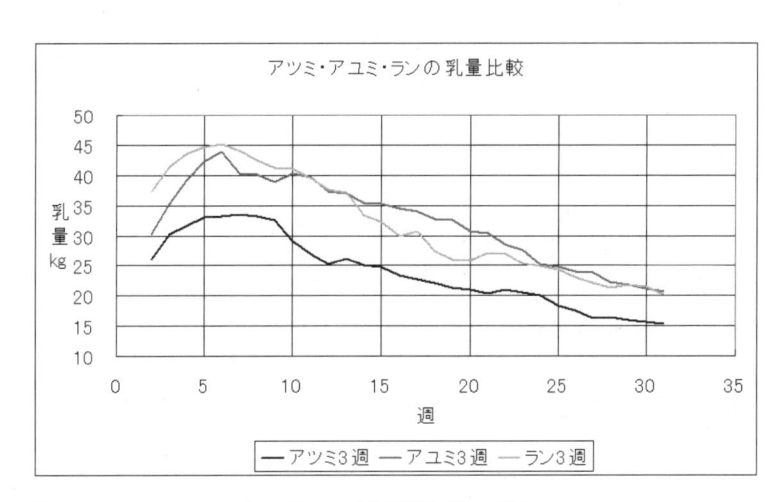

図4-18　アツミ，アユミ，ランの3週移動平均のグラフ

●**グラフの検討**　グラフからアツミの乳量が低迷しているのがわかる。ランは搾乳初期の乳量がすぐれているが，乳量の持続性ではアユミのほうがすぐれている。

　しかし，この2乳牛の乳量は同じようにみえるので，さらに検討してみよう。

演習 2 アツミ，アユミ，ランそれぞれの総乳量を求め，グラフにして分析してみよう。

[手順]
① 各週の乳量データから7日間分を計算する。
② その週までの乳量を積算して，総乳量を計算する。
③ 3乳牛の3週平均，総乳量のグラフを作成する。
④ 3乳牛の総乳量のグラフは第2軸に変更する（図4-19）。

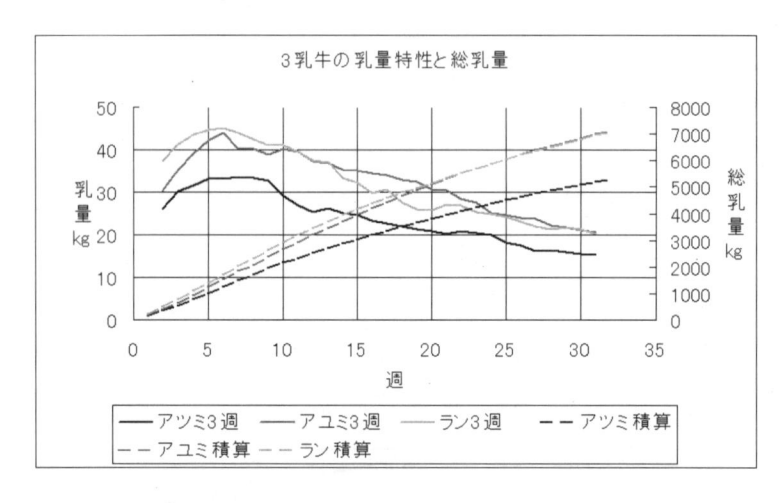

図4-19 3乳牛の総乳量を加えたグラフ

●**グラフの再検討** 図4-19からアユミとランの総乳量はほとんど同じであることがあきらかになった。アユミの総乳量は15週当たりでランより低迷していたが，30週をすぎてむしろランを上回っていることがわかる。

2つの軸のグラフ

図4-19のように1つのグラフで数値レベルのちがう2つのグラフを表示させると，2つの要素についての比較が容易になる。このようなとき，1つ目の要素の軸を主軸，2つ目の要素のY軸を第2軸という。

プレゼンテーション・ソフトウェアの利用

演習1,2でわかったことを，プレゼンテーション・ソフトウェアを使って発表してみよう。

① 1枚目のスライド（発表の動機）

アツミ・アユミ・ランの乳量比較
〇〇高校園芸クラブ

③ 3枚目のスライド（分析の結果）

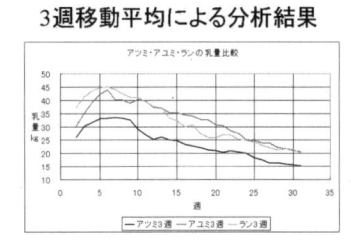

3週移動平均による分析結果

- ランは乳量が少ない
- アユミとランはがおなじような乳量特性にみえる

② 2枚目のスライド（データの収集）

アツミ・アユミ・ランの乳量データの収集

週	アツミ	アユミ	ラン
1	20.6	26.6	32.0
2	28.0	31.6	36.8
3	29.6	32.6	43.2
4	33.0	41.6	44.0
5	32.4	43.2	43.6
6	34.0	42.0	46.4
7	33.2	46.6	45.6
8	33.2	32.2	40.0
9	33.4	41.6	41.8
10	31.2	42.6	41.8
11	23.0	36.4	39.8
12	26.8	39.8	36.8
13	26.0	35.8	36.2

④ 4枚目のスライド（分析の結論）

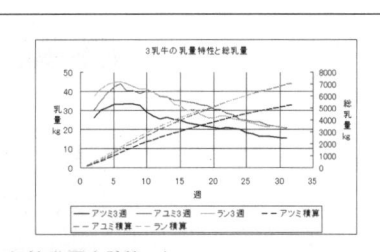

3乳牛の乳量特性と総乳量

- 総搾乳量を計算した
- その結果，アユミとランは総乳量でも同じ

結論　アユミ・ランは同等である

図4-20　プレゼンテーションの例

1　農業情報の収集と活用

6 経営情報の収集と利用

　農業経営に関わる情報には，自分の経営内部で収集される情報と経営判断をめぐるさまざまな外部情報がある。たとえば，自分の経営を改善しようと思えば，まず作業時間，土地利用，生産成績などの内部情報を記録し，蓄積する。そして，これらの情報を分析したうえで，外部情報である市況情報，社会情報，あるいはモデル農家のデータなどと比較し，自分の経営ではどのような改善が必要であるかを見出す。

　市況情報や統計情報などの外部情報は，新聞や雑誌などの印刷物だけでなく，インターネットからも入手できるようになってきた。

　こうした外部情報の多くは，データベースを構築している。各種の膨大なデータベースがインターネットの普及によって，ますます利用しやすくなっている（➡ p.77）。

演習 1　市況サイトから情報を収集して，表計算ソフトで分析してみよう。

　東京のO花き市場は毎日数十万本入荷する花きの市況情報を会員に配信する情報サービスをおこなっている。
　（ここではこの花き市場の会員になったものと仮定して学習する。）

図4-21　O花き市場のホームページ

手順

① O花き市場のホームページから「情報提供ページ」へ入る❺。

② 品目名と売立日（せりをおこなった日）を入力。

　●仕切りデータ（その日の出荷数，価格など）が表示される（図4-22）。

③ 表を範囲指定してから，メニューより［コピー］を選択する。

④ 表計算ソフトを起動しワークシートを開いてから，［貼り付け］を実行する（図4-22）。

⑤ 同日の他品目の価格についても，確定市況データを入手する。

⑥ グラフを作成する（図4-23）。

⑦ 「品目別見通し」のページを開き，出荷見通し，価格見通しの情報を入手する（図4-24）。

❺会員制なので，実際にはIDの入力が必要である。

図4-22　仕切データ（左）と表計算ソフトへの貼り付け（右）

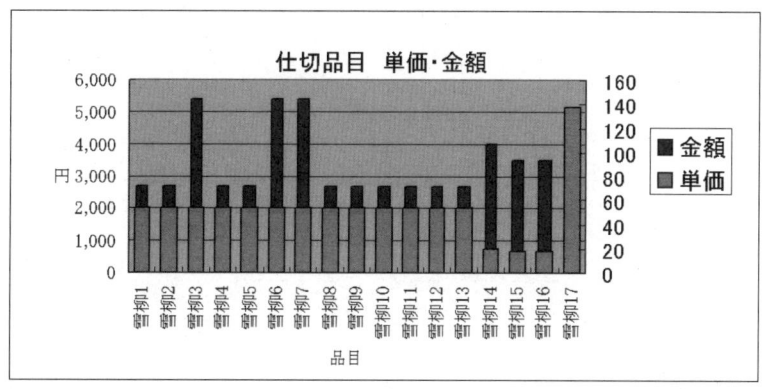

図4-23　品目ごとの単価と金額を示すグラフ

1　農業情報の収集と活用

⑧品目別見通しは前年比，先週比の入荷量と単価が前値を100%として比較しているので，見通し数値を＋－になおして計算する（図4-25）。

⑨＋－であらわした前年比，先週比（F列～I列）を範囲指定し，グラフを作成する（図4-26）。

●このグラフによると，この週のエダモノは入荷が少し増えても単価は10%以上上昇するとみなされる。

図4-24　品目別見通し

図4-25　見通しデータ

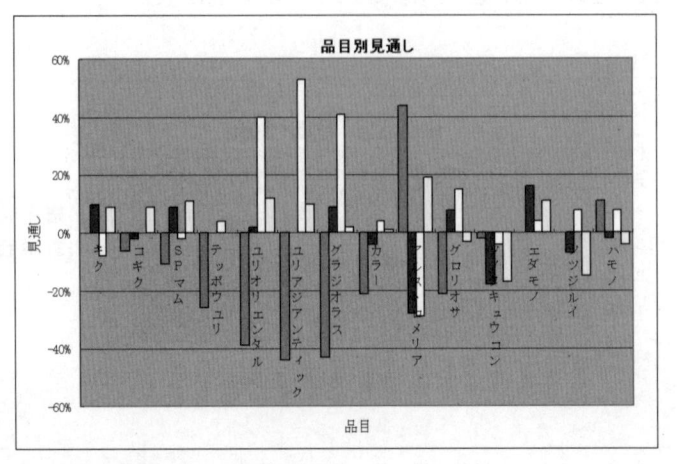

図4-26　見通しデータのグラフ

7 情報の発信

演習 1 学校のプロジェクト研究の発表資料と画像データを編集してHTMLファイルを作成しよう。

学校にホームページがあれば、ホームページにリンクさせて公開してみよう。

次の例はプロジェクト研究の要約である。

研究テーマ「学校果樹園でのカキの樹幹更新」

（動機）　本校のカキは「富有」「次郎」「松本早生」が見本として管理されている。いずれも樹高が5mをこえ、収穫などでは不便をこえ危険になっている。樹高を低くしなければならない。ちょうど本年度、県内の先進農家のカキ経営を視察する機会があって、低樹高化の技術について学習することができた。

（目的）　カキは休眠中に樹幹を強くせん定すると、翌年の新梢の発生が多すぎる。ちょうどよい発生にしたい。ポイントは2点。1つは3年ていどかけてしだいに低くすること。2つ目は枝を切る時期について、落葉後ではなく、収穫期におこなうこととした。

（内容）　略

（結果）　翌年の成育状況が楽しみである。さらに、翌年枝切りの予定の部位についても結果をみながら検討することにした。

図4-27　組み込む画像データ

1　農業情報の収集と活用　**115**

図 4-28　HTML ファイル

　上の発表資料ファイルと画像ファイルを組み合わせた HTML ファイル（図 4-28）のファイル名を「project1.htm」とすると，リンクさせるタグは次のようになる。これを学校のホームページの中に書き加えればよい。

```
<H3> 本校のプロジェクト研究から <br>
<A href="project1.htm">
<FONT face="MS 明朝 " size="2" color="#008080">
研究テーマ「学校果樹園でのカキの樹幹更新」<BR>
</FONT></A>
<FONT face="MS 明朝" size="2" color="#0000ff">
　　　　実施者　園芸科 2 年□□□□ </FONT><BR>
```

●研究テーマ「学校果樹園でのカキの樹幹更新」の部分をクリックするとこのページにジャンプする。

　過去に発行された農業クラブ誌などの調査研究レポートを OCR ソフト（→ p. 19）で取り込んでテキスト・ファイルにして，調査研究データベースをつくることもできる。写真があればスキャナを使って画像ファイルに変換する。写真フィルムの場合はフィルムをスキャンすると画質がよい。

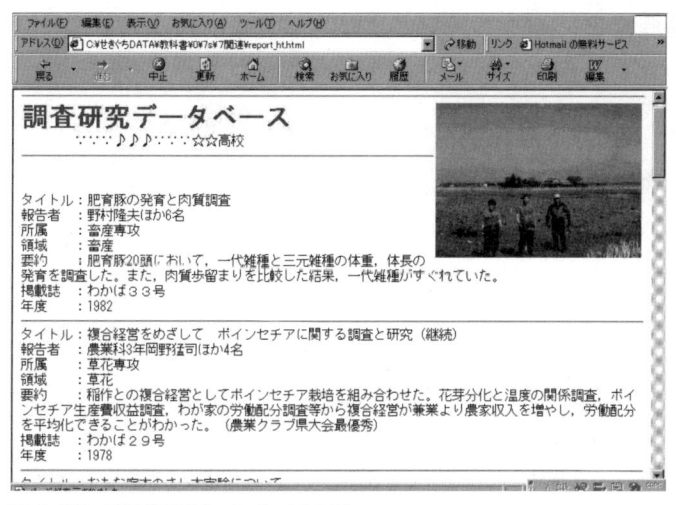

図4-29 調査研究データベースの例

関連演習1 （自家情報の確認）

学校温室付随の気象ロボットで収集した1か月の気温データと最寄りのアメダスデータ（気温）を比較して，どのていどの差異があるかを確認してみよう。

表4-2 アメダスと自校の気温データ

5月	T地点9時	S地点9時	自校9時
1	15.3	17.4	14.3
2	17.7	17.6	17.4
3	17.7	17.6	17.3
4	16.7	17.7	17.4
5	20.5	20.8	20.8
6	15.7	17.6	17.3
7	18.6	20.1	19.0
8	21.5	21.0	20.7
9	19.6	19.0	19.3
10	21.5	21.6	21.0
11	16.9	16.7	16.9
12	19.7	20.0	19.3
13	22.0	22.3	20.9
14	19.0	19.7	20.1
15	17.0	18.1	17.7
16	14.6	15.2	14.9
17	16.7	17.0	17.2
18	17.5	20.1	18.9
19	15.4	17.3	17.0
20	18.9	23.4	21.0
21	22.0	21.7	20.8
22	22.6	22.1	20.2
23	23.1	22.2	22.0
24	21.9	22.2	21.6
25	21.2	26.3	20.8
26	18.7	19.3	19.2

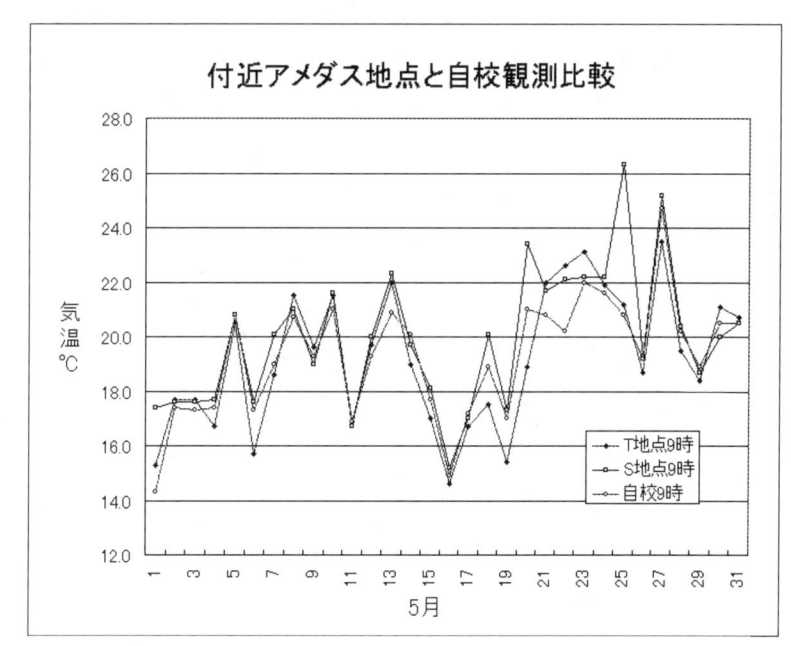

図4-30 気温比較グラフ

1　農業情報の収集と活用

関連演習2 （経営の記録と分析）

Aさんの経営は表4-3のとおりである。また，年間の農作業は表4-4のようであった。月別・作物別の作業時間を集計し，グラフにあらわしてみよう。

表4-3

作物	イネ	ジャガイモ	ネギ	ハクサイ	ニンジン	合計 (a)
作付面積 (a)	60	100	50	70	30	310

表4-4

作業日	作物	作業内容	使用機械	作業時間
04/04	ネギ	除草		5
04/05	ニンジン	収穫出荷		60
04/11	イネ	播種	育苗機	12
04/16	ジャガイモ	除草	管理機	30
04/22	イネ	育苗管理		18
04/23	ネギ	定植	管理機	80
05/03	イネ	定植	田植機	12
05/07	ジャガイモ	整枝		40
05/13	ネギ	定植	管理機	80
05/15	ジャガイモ	整枝		20
05/18	ネギ	定植	管理機	80
05/20	ネギ	定植	管理機	25
05/25	ジャガイモ	追肥	管理機	10
06/02	イネ	除草	散布機	30
06/05	ジャガイモ	除草	散布機	30
06/15	ジャガイモ	収穫出荷		200
06/20	ネギ	土寄せ	管理機	15
06/22	ジャガイモ	収穫出荷		200
06/25	ニンジン	耕起	トラクタ	3
07/03	ジャガイモ	収穫出荷		160
07/07	ネギ	土寄せ	管理機	15
07/10	ニンジン	土壌消毒	管理機	6
07/12	ネギ	土寄せ	管理機	25
07/15	ハクサイ	耕起	トラクタ	56
07/17	ニンジン	施肥	トラクタ	15
07/20	ニンジン	播種		60
07/25	ネギ	土寄せ	管理機	30
08/17	ニンジン	除草		96
08/23	ネギ	除草	管理機	40
08/24	ハクサイ	播種		84
09/05	ネギ	収穫出荷	トラクタ	210
09/08	ハクサイ	定植		35
09/10	ニンジン	除草		54
09/12	イネ	収穫	コンバイン	30
09/18	ハクサイ	定植	トラクタ	35
09/19	ネギ	収穫出荷		210
09/24	ネギ	収穫出荷		250
09/26	ハクサイ	追肥中耕	管理機	14
09/27	ニンジン	除草		6
10/04	ネギ	収穫出荷		160
10/05	ハクサイ	除草	管理機	14
10/09	ニンジン	追肥		6
10/12	ネギ	収穫出荷		160
10/14	ハクサイ	追肥	管理機	21
10/16	ニンジン	追肥		6
10/20	ネギ	収穫出荷		160
10/25	ハクサイ	追肥中耕	管理機	14
10/26	ニンジン	除草		6
11/02	ネギ	収穫出荷		160
11/06	ハクサイ	中耕	管理機	14
11/12	ネギ	収穫出荷		160
11/18	ネギ	収穫出荷		160
11/18	ハクサイ	中耕	管理機	14
01/15	ハクサイ	収穫出荷		56
01/22	ハクサイ	収穫出荷		112
02/06	ハクサイ	収穫出荷		112
02/13	ハクサイ	収穫出荷		56
02/22	ジャガイモ	施肥	トラクタ	40
03/03	ニンジン	収穫出荷		60
03/05	イネ	耕起	トラクタ	6
03/08	ジャガイモ	定植		200
03/12	ネギ	除草		10
03/13	ニンジン	収穫出荷		60
03/25	ニンジン	収穫出荷		60
03/25	ネギ	除草		15

表4-5 作物別・月間作業時間

月別作業時間を分析する						
作物	イネ	ジャガイモ	ネギ	ハクサイ	ニンジン	合計
作付面積	60	100	50	70	30	310
4月	30	30	85		60	205
5月	12	70	185			267
6月	30	430	15		3	478
7月		160	70	56	81	367
8月			40	84	96	220
9月	30		670	84	60	844
10月			480	49	18	547
11月			480	28		508
12月						0
1月				168		168
2月		40		168		208
3月	6	200	25		180	411
合計	108	930	2050	637	498	4223
構成比	2.6	22.0	48.5	15.1	11.8	100.0
10a時	18	93	410	91	166	

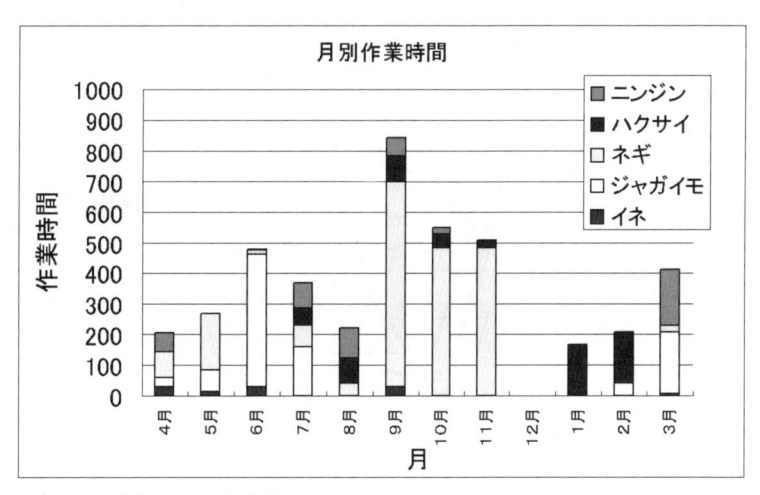

図4-31 作業時間の分析グラフ

関連演習3 （経営の診断）

　Aさんは養豚単一経営で200頭を飼養している。自分の経営を分析して，表4-6のような結果を得た。農林水産省のホームページでは基本統計資料を提供している。このページから［経営統計］―［農業経営部門別統計］を取り込んで，Aさんの経営を全国標準の指標と比較して診断しよう。

表4-6　経営分析表

診断項目	Aさんの経営	全国標準
農業所得率(%)	18.4	14.3
農業純生産	7,245	6,991.30
資本回転率(回)	1.21	0.98
1時間当たり所得(円)	1,805	1,468
1時間当たり生産(円)	1,773	1,567

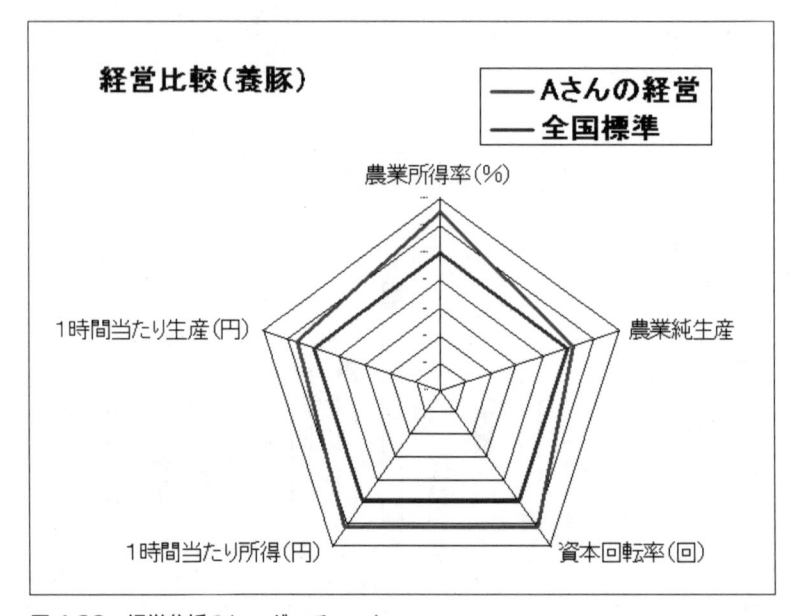

図4-32　経営分析のレーダーチャート

関連演習4 （線形計画）

　線形計画法（LP法）の考え方と手順を，表計算ソフトを利用して学習しよう。

　S店はパンとケーキを製造販売していて，表4-7のような基礎データがある。今月分のコムギ粉と砂糖の量で，最も利益の高い組合せの製造数を計画したい。

表4-7 製造の基礎データ

	コムギ粉g	砂糖g	1個あたり利益(¥)
パン	90	15	50
ケーキ	200	200	600
食材の量	60000	30000	

コムギ粉の全量をケーキに使ったときの数とパンに使ったときの数を計算する。次に砂糖の全量について，ケーキとパンの数を計算する。総利益についてもパンがゼロ，およびケーキがゼロのときを計算する（表4-8）。

表4-8 製造数と利益の計算

パンの数	ケーキの数		総利益¥
	コムギ粉の制約	砂糖の制約	
0	300	150	¥90,000
667	0		¥33,333
2000		0	

表をグラフ表示する（図4-33）。

（注）空白セルを無視する指定をする。

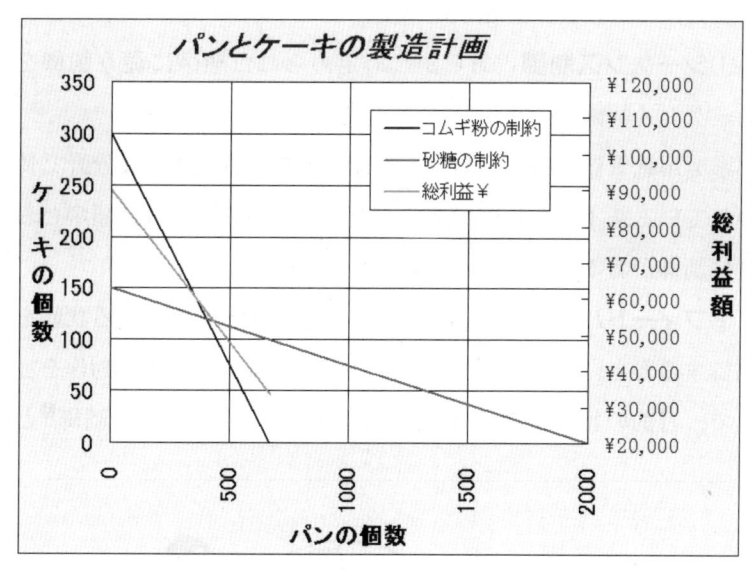

図4-33 製造計画の分析グラフ

製造できるパンとケーキの組合せは，コムギ粉のグラフと砂糖のグラフの交点以内である。利益のグラフは利益額にしたがって平行移動する。原点から遠くなるほど利益額は高い。すなわち，最大の利益を生む製造個数の組合せは3本のグラフが同時に交わる場合である。

第4章
2 計測と制御
——コンピュータによる農業生産のシステム化

1 計測・制御とその方式

(1) 計測と制御とコンピュータ

　計測と制御は私たちの暮らしに，密接に結びついている。とくにコンピュータを用いた各種の機器は，ほとんどが計測と制御を繰り返し，動いているともいえる（→囲み）。

　最近は，コンピュータが小型化し，しかも処理能力が向上しているので，生産工程での計測や制御にも多く使われている。農業でも温室の環境制御や農業用ロボット，植物工場などに，コンピュータが使われるようになった。

(2) 制御の種類

　制御には次のような種類がある。

　①**シーケンス制御**　あらかじめ定められた順序に従う制御をシーケンス制御という。

　家庭用電気機器・交通信号・工作機械などさまざまな分野で使われている基本的な制御である。シーケンス制御では，順序どおりに制御がおこなわれたかのチェックが大切である。

　②**フィードバック制御とフィードフォワード制御**　ある状態を制御するとき，その状態を計測しながら，訂正のための動作を加えて，目的の状態に近づけていく制御をフィードバック制御[1]と

❶フィードバック制御は，図4-35のように閉じたループができるので閉ループ制御ともいう。

> **計測と制御**
> 　あるものの状態や変化を長さや温度などの数値であらわす作業を計測（測定），また，ある状態を維持するための作業を制御（調節）という。「歩行」という人の動きも機械的にいえば，計測と制御の繰り返しの動作である。目と三半規管で移動量や傾きなどを計測し，情報を脳で処理し，足や体に伝えている。

図4-34　人間の歩行

いう。

　温度センサで温室の室温（観測値）を測定し，目標値と比較しながら，その差（偏差）がなくなるように暖房や換気などの操作量を決めていくという制御がその例である（図 4-35）。

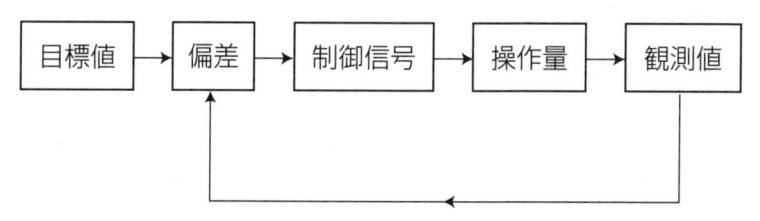

```
目標値 → 偏差 → 制御信号 → 操作量 → 観測値
          ↑                              │
          └──────────────────────────────┘
```

図 4-35　フィードバック制御の流れ

　これに対して，制御対象の状況の変化が前もって予測できる場合に，あらかじめ訂正動作をおこなう制御をフィードフォワード制御という。

　フィードフォワード制御は，あらかじめ計算された制御であるので，ち密な制御ができる反面，予測に反する事態（これを外乱という）が起き，制御にずれが生じると修正がむずかしい。そこで一般には，フィードバック制御と組み合わせて用いられる。

　図 4-36 は室温制御におけるフィードフォワード制御の効果を示したものである。①は床暖房によるフィードバックとフィードフォワードを組み合わせた効果，②，③は床暖房あるいは温風暖房によるフィードバック制御の効果である。

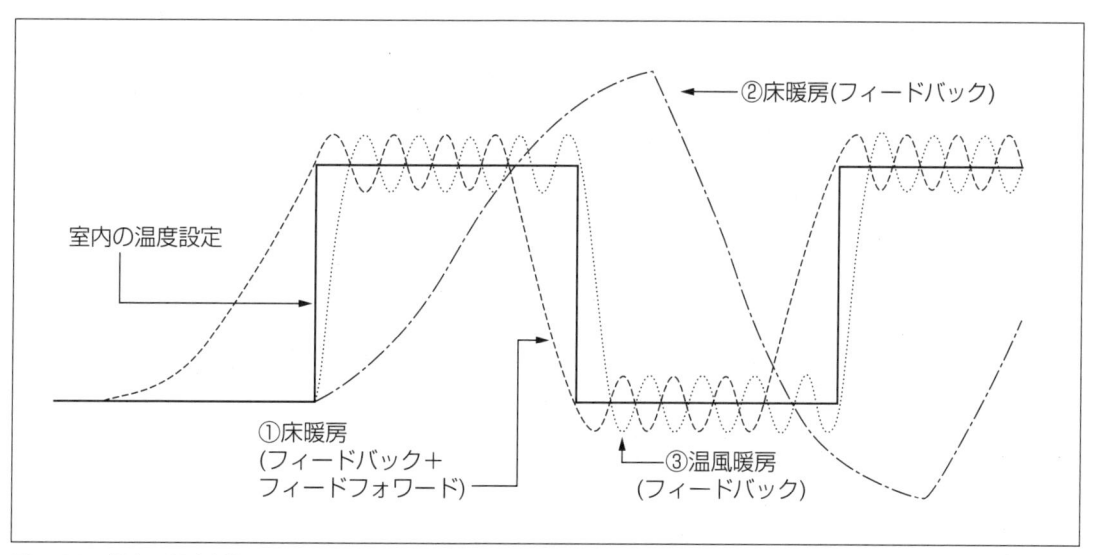

図 4-36　温室の温度制御でのフィードバック制御とフィードフォワード制御

③ON／OFF制御とPID制御　制御の種類を制御動作によって分類すると，ON／OFF制御とPID制御に分けられる。たとえば，電気こたつの温度制御は，ON／OFF制御である（図4-37）。温度が上昇するとバイメタルが曲がりだし，一定の温度になると接点が開いて電流が流れなくなり，温度が下がるとバイメタルがもとに戻り接点が閉じ，ヒーターに電流が流れる。

この方法は，設置の構造が比較的単純で費用もかからないので，環境制御温室などでも広く使われている。しかし，フィードバック制御にON／OFF制御を用いる場合，目標値からずれた結果を計測してから修正するので，制御の過不足や制御の遅れが目立つため，なめらかさとち密さが要求される制御には向いていない。より正確で，なめらかな制御をおこなうための制御として，PID制御がある。

PID制御❷とは，たとえば室温と目標値のずれに比例した制御（P動作），ある時間のあいだに積み重なった制御のずれを調節する制御（I動作），急激な変化に対応する制御（D動作）が組み合わさった制御である。化学工場や精密機械工場，植物工場などでよく用いられる制御である。

❷P（Proportional／比例）動作，I（Integral／積分）動作，D（Differential／微分）動作を組み合わせた制御。

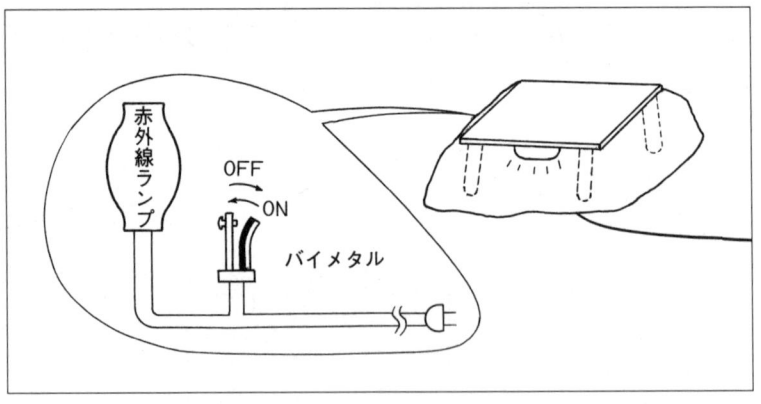

図4-37　ON/OFF制御の例

2 コンピュータ制御のしくみ

　室内の環境をコンピュータで制御する温室を例にコンピュータ制御のしくみをみてみよう（図 4-38）。このような温室にはまず，装置全体をコントロールするコンピュータ，そして温度や光などの量を検出する検知器類（**センサ**という），およびヒータ・天窓・遮光装置など室内環境を直接コントロールする機器類（**出力機器**）が取り付けられている。そして，センサのデータをコンピュータに，あるいはコンピュータのデータを出力機器に中継する機器（**インターフェース**という）がある。

　センサの計測値は，コンピュータに伝えられ，操作量が決定される。その結果が出力機器に伝えられ，出力機器が作動し，室内の環境が制御される。

　以下，それぞれの機器についてみていく。

（1）制御用コンピュータ

　制御用コンピュータは，24時間作動しなければならない場合が多い。そのため信頼性の高いコンピュータが必要である。制御用のコンピュータには，マイクロコンピュータやパーソナルコンピュータから汎用コンピュータまで，さまざまなコンピュータが利用されている。

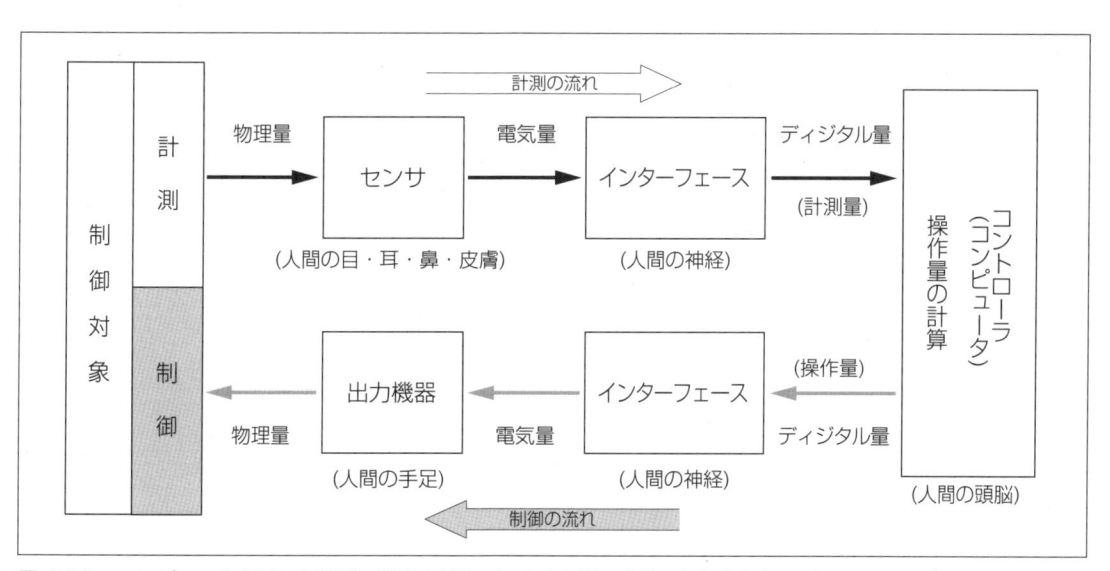

図 4-38　コンピュータを用いた計測・制御の流れ　（　）は人間の感覚にたとえたもの（→ p.122 囲み）

(2) センサ

センサとは,温度,光,音などの物理量を検知して電気信号に変換するものである。

最近のセンサ技術の進歩はめざましく,その種類も多い。センサの選択にあたっては,その特性をよく理解しておくこと,測定量の範囲,測定の精度,使用環境などを考慮することなどが必要である。

①温度センサ

温度センサは,物質の電気的特性(起電力や電気抵抗など)が温度によって変化する性質を利用している。

熱電対 異種の金属の両端を接合し2接点をつくり,両接点間に温度差を与えると,そのあいだに熱起電力が生じる。起電力の大きさは,2種の金属の種類と両接点の温度によって決まる。この原理を利用したのが熱電対である。

測温抵抗体 一般に金属は,温度が上がると電気抵抗が上昇する。この抵抗変化を検出することによって,温度を測定することができる。白金を用いた白金測温抵抗体は,ほかのセンサに比べて高価であるが,−50〜600℃の温度範囲を測定できる。

サーミスタ サーミスタは測温抵抗体の一種で半導体である。

▶ 人間の感覚とセンサ

人間の感覚とセンサの関係をまとめると表4-9のとおりである。

表4-9 人間の感覚とセンサ

人間の感覚	物理・化学現象	被測定量	センサ
視覚	光 (含赤外光)	光量・色・光パルス数	フォトダイオード・太陽電池・フォトトランジスタ・CCDイメージセンサ・光電子増倍管
聴覚	音 (含超音波)	音圧・周波数・位相	圧電素子・感圧ダイオード・マイクロホン
触覚	接触圧力	圧力・変位・ひずみ	圧電素子・半導体ひずみゲージ・マイクロスイッチ・ブルドン管・ダイヤフラム
温覚	温度	熱起電力・抵抗変化	サーミスタ・熱電対・測温抵抗体・IC温度センサ・バイメタル・pn接合半導体
臭覚 味覚	ガス濃度 分子濃度	導電率変化・吸収スペクトル・ガス吸着	半導体ガスセンサ・電気化学式ガスセンサ・接触燃焼式ガスセンサ

電気抵抗が温度によって大きく変化する材料を用いて，温度測定用のセンサとしたものである。

IC 温度センサ センサと出力のための回路を一体化したもの。取扱いはかんたんだが，使用できる温度の上限が100～125℃とかぎられている。

②光センサ

光センサは，光を感知してその強さや質を電気信号に変換する。カメラの露出計，リモコンの受信部など，センサのなかで最も広く使用されている。

それぞれ使用可能な波長が決まっている（分光感度特性とよぶ）ので，計測の目的により使い分ける必要がある。

③湿度センサ

湿度を計測するセンサとして代表的なものは，乾球・湿球式湿度センサとセラミック湿度センサである。後者は，セラミックの部分に水分が付着すると電気抵抗が変化することを利用した湿度センサである。

④機械量検出センサ

物体の重量や空気圧，油圧などの圧力を測定するためには，金属線や半導体のひずみにより電気抵抗が変化するのを利用した圧力・重力センサが使われる。

また，変位・位置・角度などの測定には，機械的な変位量を電気信号に変換する変位・位置センサが利用されている。

そのほか，速度・加速度をはかるセンサなどがある。

⑤磁気センサ

磁気現象を利用した磁気センサは，磁石や磁性体の変位の検出が可能なセンサである。構造が比較的かんたんであること，精度がよいことから磁気ヘッドなどに使われる。

⑥その他のセンサ❸

ガスセンサは，二酸化炭素，水蒸気，一酸化炭素・酸素などのガスを検出するのに用いられるセンサである。二酸化炭素，水蒸気は赤外線の吸収を利用したものが多い。可燃ガスは，ガスがセンサの表面に付着すると，電気抵抗が変化する性質を利用したものである。セラミックセンサがよく利用されている。

❸「環境計測用センサ」参照（→p.131）。

(3) インターフェース

コンピュータを制御に利用するには、センサからのデータを受け、また、コンピュータの指令を出力器に与える中継器（インターフェース[4]）が必要である。

① I/O ポート

コンピュータの CPU と外部装置との間で信号をやりとりするためのインターフェースを I/O ポート[5]とよぶ（図 4-39）。

② A/D コンバータと D/A コンバータ

コンピュータ内部では、信号はディジタル量として処理されている。しかし、センサからの電気信号はアナログなので、アナログ信号をディジタル信号に変換する装置（A/D コンバータ）が必要になってくる（図 4-40）。逆に、コンピュータの信号を出力機器に与えるときに、ディジタル信号をアナログ信号に変換するのが D/A コンバータである。

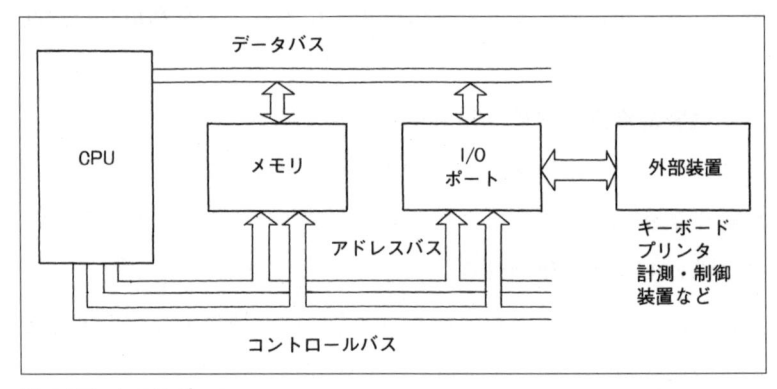

[4] インターフェース（Interface）

[5] I/O: I = input〈入力〉 O = out put〈出力〉

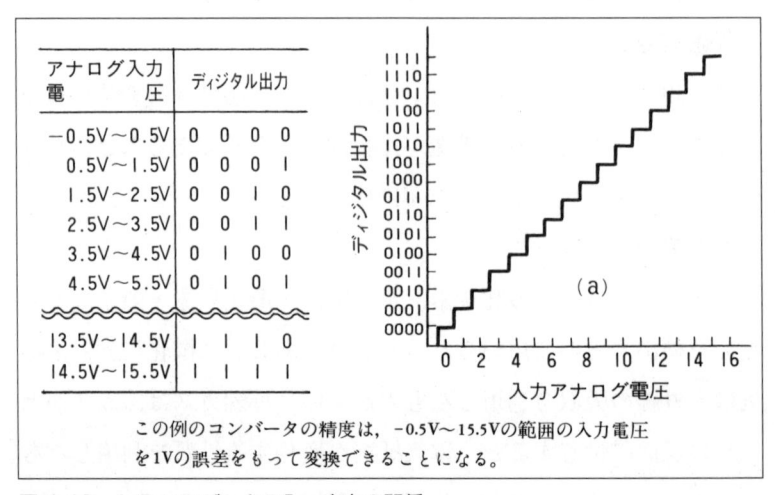

図 4-39　I/O ポート

アナログ入力電圧	ディジタル出力
−0.5V～0.5V	0 0 0 0
0.5V～1.5V	0 0 0 1
1.5V～2.5V	0 0 1 0
2.5V～3.5V	0 0 1 1
3.5V～4.5V	0 1 0 0
4.5V～5.5V	0 1 0 1
〜〜〜〜〜	〜〜〜〜〜
13.5V～14.5V	1 1 1 0
14.5V～15.5V	1 1 1 1

この例のコンバータの精度は、−0.5V～15.5V の範囲の入力電圧を 1V の誤差をもって変換できることになる。

図 4-40　A/D コンバータの入・出力の関係

（4）出力機器

①発光ダイオード

赤や緑，青などに光る発光素子で，一般に LED[6] とよばれる。これは，出力信号の ON/OFF の状態や数字の表示，フォト・トランジスタと組み合わせた電源の異なるシステム間の情報伝達，ノイズの影響を受けやすいシステム間のノイズ防止などに使われる。

[6] LED: Light Emitting Diode

②リレー（継電器）

電気信号でスイッチの ON/OFF を切り換える装置。コイルに電流が流れると，電磁石のはたらきでスイッチが入り，電流が止まると切れる（図 4-41）。

③モータ

動力を得るための出力機器。低速時のトルク[7]が大きく，広い範囲で回転速度の制御が容易な直流モータ，負荷の増減で回転速度が変化しない交流の同期モータ，一般家庭の交流電源でも利用できる誘導モータなどが用いられている。

[7] トルク：回転させる力。

また，コンピュータからの信号で，回転角を自由に制御できるステッピングモータの利用も増えてきている。

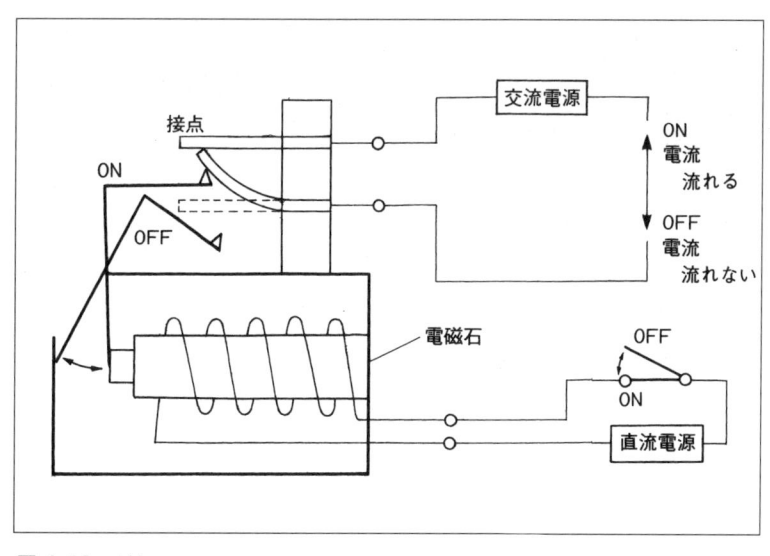

図 4-41　リレー

演習 1 照明を制御するかんたんな回路をつくろう。

　光量の変化で照明の ON/OFF 制御をおこなうかんたんな回路を製作してみよう（図 4-42）。ここでは，フォト・トランジスタを用いる。電流の ON/OFF をおこなう SSR[8]は，光センサからのわずかな出力電圧で，家庭用の照明などの電力制御ができる装置である。

[8] SSR：ソリッドステート AC リレー

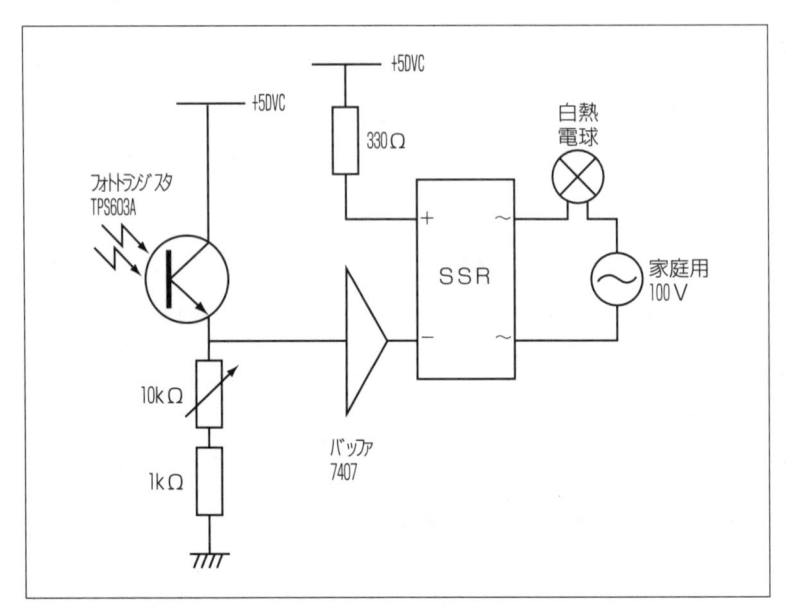

図 4-42　回路図

注　この回路は，フォト・トランジスタの周囲が明るくなると電球が消灯し，周囲が暗くなると点灯する。可変抵抗（10kΩ）を調整することで，屋外灯の制御に利用できる。
　　SSR のアンペア数により，電球のワット数は制限される。

3 栽培環境と計測・制御

植物の成長に関係する環境要因は，地上部では光・気温・湿度・二酸化炭素（CO_2）濃度など，地下部では土壌の養分・水分・pH，地温など。養液栽培の場合は，培養液の組成・液温・溶存酸素濃度などである（→ p.133）。

最適な栽培環境を維持するためには，これらの環境要因の計測を正確におこなわなければならない。環境計測用センサは，さまざまなものがあり，計測目的に応じて使い分ける必要がある（図4-43）。

（1）光環境の計測・制御

光環境としては日射[9]量，照度，日照率などが計測される。

日射量の測定器には直達日射計・全天日射計・散乱日射計などがあるが，通常は全天日射計が使われる。

光合成有効日射[10]計は，特殊なフィルタにより光合成に有効な波長域だけの日射量を測定するようにつくられている。

照度は，光に照らされた面の明るさを人間の目の感度であらわしたもので，単位にはルクス（lx）が使われる。

日照率とは，日の出から日の入りまでの時間（可照時間）に対して，太陽光が雲や障害物にさえぎられずに，ある一定の強さで

[9] 日射は，太陽からくる放射エネルギーである。近紫外から近赤外までの波長域をもつ。

[10] 光合成有効日射
青色光から赤色光域（400〜700nm）で全太陽放射量の約45％に相当する。

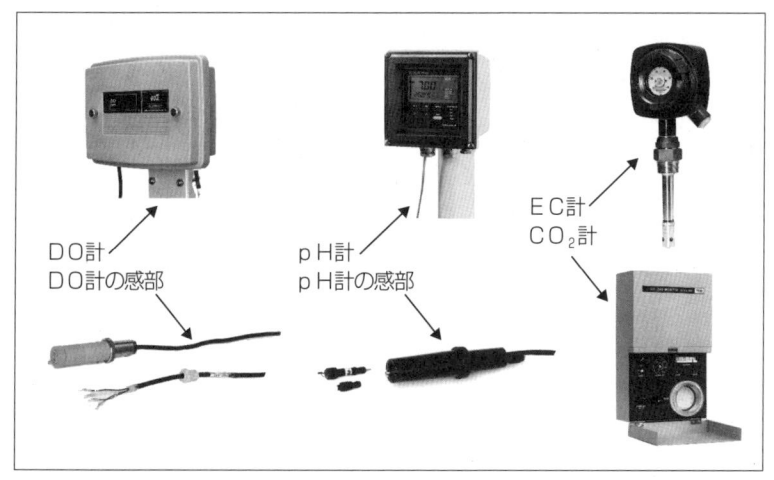

図4-43 環境計測用センサの種類

地上を照らした時間（日照時間）の比率をさす。これに使われるのが日照計である。

光環境の計測データは，おもに温度制御をおこなうのに用いられるが，近年では一部の作物で，ランプによって光を人工的に補う光環境制御にも使われている。

(2) 温度・湿度環境の計測・制御

施設園芸の栽培技術の発達につれて，夜温・昼温，地温などについてこまかな計測・制御の技術が重要となってきた。

温度と湿度の制御は，空気調和法（空調）によっておこなわれる。空気調和法とは，フィルタ・冷却器・加熱器・加湿器・送風機を用いて，使用目的に適した空気状態をつくり，保持する方法をいう（図4-44）。

(3) ガス（CO_2）環境の計測・制御

施設内の CO_2 濃度は，昼間光合成がさかんになると低下する。そこで，人工的に CO_2 を補うが，その場合植物の CO_2 吸収が飽和する1,800ppmていどまで補給する。ただし，継続的に高濃度条件下におくと，逆に光合成能力が低下する場合があるので，短い周期でガスボンベの弁を開閉してようすをみていく制御法がよい。

CO_2 濃度の計測には赤外線ガス分析計がよく使われる。

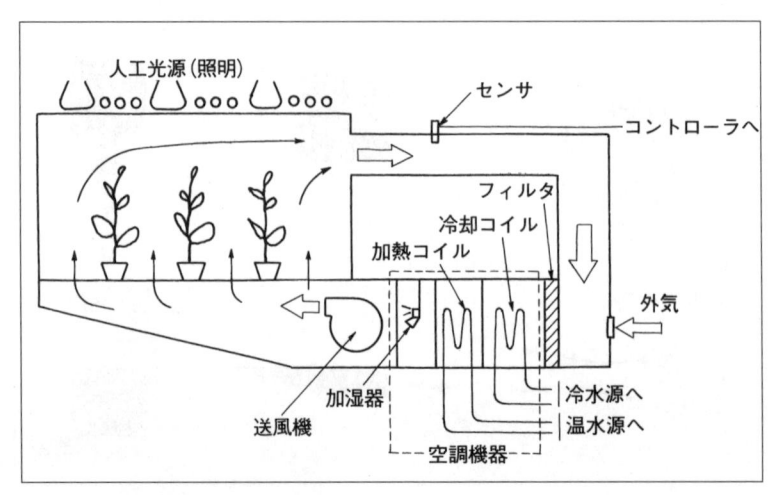

図4-44　空調制御システムの構成

(4) 培養液の環境制御

養液栽培は，培養液の諸条件を直接管理できるので，植物の生育に最適な施肥管理が可能である。

培養液に必要な条件は，次のとおりである。

①必要な養分が必要な濃度含まれていること。
②培養液中に酸素が十分に溶存していること。
　培養液中の酸素量を溶存酸素（DO）❶量という。
③水素イオン濃度（pH値）が適正であること。
④溶液の温度（液温）が適正であること。

①養分の濃度制御

濃度管理には，一般に電気電導率（EC❷）を指標に使う。これは，培養液中のイオンとなって溶解している塩類の量を計測する方法で，EC値は，mS/cm❸であらわす。培養液は一般に1〜2mS/cmていど（作物，生育段階により多少差がある）になるように制御する。

計測には電気電導度計（EC計）を使用する。

②溶存酸素量の制御

多くの養液栽培では，培養液をタンクとベッド，またはベッド間で循環させて酸素を補給する。培養液中の溶存酸素が水の酸素飽和量（100ppmていど）の90％以上になるように制御する。

溶存酸素量の計測にはDO計を用いる。

③水素イオン濃度（pH❹）の制御

pHを高くするときには，水酸化ナトリウムなどを使い，低くするときには，硫酸などを添加する。たとえば，一般にpHを1下げるためには，培養液1m³当たり，硫酸を10cm³ていど加える。ただし，培養液により異なる場合もあるので，硫酸の量とpHの変化を事前に調べておくことが大切である。pHの計測には，水素イオン濃度計（pH計）を用いる❺。

④液温の制御

適正な液温は作物ごとに異なる。液を加温するには，培養液を加温する方法とベッドを加温する方法とがある。また，高温時の冷却には，熱交換器などの冷却器が使われる。

---

❶ 溶存酸素（DO）
〈DO = Disolved Oxygen〉

❷ EC = Electric Conductivity

❸ mS/cm（ミリジーメンスパー センチメートル）
断面積が1cm²で，長さが1cmの物質が25℃のときにもつ電気抵抗の逆数を電気伝導率といい，S/cmであらわす。一般に培養液の管理では，この1/1000の単位のmS/cmが使われる。

❹ 培養液の適正pHは5.5〜6.5である。pHが高い場合（pH8以上）は，鉄・リン・マンガンの欠乏症が出やすく，逆に，低い場合（pH4.5以下）はカルシウム・カリウム・マグネシウム・モリブデンの欠乏症が出やすい。

❺ pHを測定するときには，ほかの要因で測定値に誤差を生じる場合があるので，標準液を用いて補正をおこなう。

(5) コンピュータ利用の複合環境制御

温室の複合環境制御の基本的なシステムを図4-45に示す。

このシステムでは，①まず，温湿度計・風向計・風速計・感雨計などからの計測データをコンピュータに取り込む。②前もってコンピュータに設定された制御目標値（設置値）にもとづき，コンピュータが制御量を判断して指令信号を出す。③この信号によって，窓・カーテン装置・冷暖房機を制御し，温度・湿度を設定値に維持する。

実際に複合環境制御システムを設計する場合には，各環境要素の設定値のほかに，設定値を変更する場合の方法，制御要素の優先順位，総合評価の基準および制御のていどなどをあらかじめ決めておく必要がある。

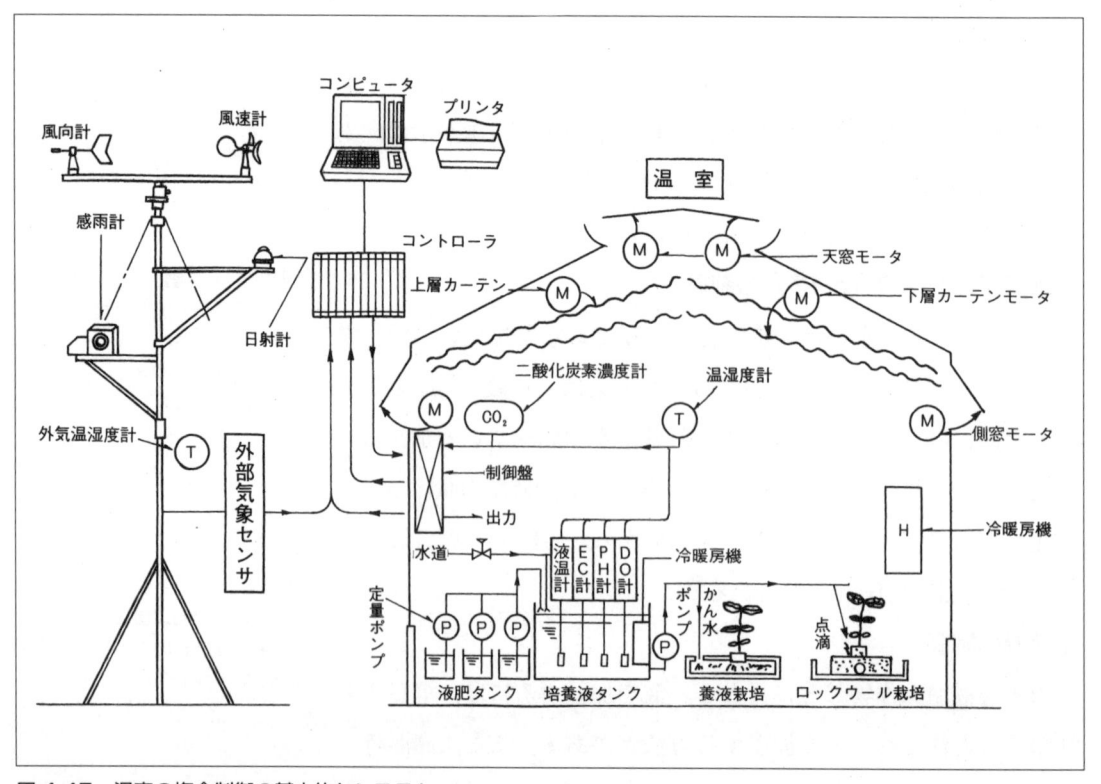

図4-45 温室の複合制御の基本的なシステム

(6) 植物工場の環境制御

植物の工場的生産がおこなえる施設を，一般に植物工場とよぶ（図4-46）。植物工場は，施設内の高度な環境制御により，作物を周年大量生産できるシステムをそなえている。植物を高速かつ大量生産するためには，まず生産工程が明確に定められ，その制御要因がすべて数値化されていなければならない。

生産工程ごとの制御要因を数値化し，それにもとづいて，制御する技術をプロセス制御といい，工業では広く用いられている。この制御には，前述したPID制御やON/OFF制御などのフィードバック制御と，フィードフォワード制御などを組み合わせて用いられる。しかし，植物のプロセス制御には，工業とはちがうむずかしさがあることは，98ページでも学んだとおりである。

現在，開発されている野菜工場は，太陽光型，人工光型，太陽光・人工光併用型の3つに分類できる。完全な人工光型の一例として，生育過程を通じて，最適の栽植密度と光源や培養液をかえていくシステムがある。そのため，栽培ベッドは移動式とし，コンピュータに最適な栽植密度や栽培環境が設定されている。

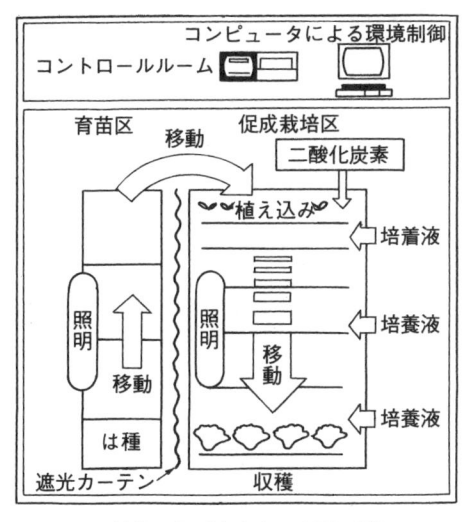

図4-46 植物工場（完全人工光型の例）

4 作業の自動化

(1) 農業用機械

農業機械にも，コンピュータを使った計測・制御技術が取り入れられ，作業の省力化と精度の向上が可能になっている（図 4-47）。次のようなものが実用化されている[16]。

⓰自動制御された農業用機械を農業用ロボットと呼ぶ。

乗用トラクタ　トラクタがほ場の凹凸やうねりによって傾いても，ロータリとほ場面の角度が変化しないよう，前後左右に傾きを制御し，一定した耕深と水平を保つことができる。

乾燥機　米や麦の乾燥機では，過乾燥を防ぎ米の食味を維持するために適正な水分と温度を維持したり，穀物の流れを平均化したりすることなどが自動制御されている。

自脱コンバイン　①機体先端の分草部が常に株間にくる，②イネを切断する切刃の高さを一定に保つ，③脱穀のさいに，穂先を最適な状態にそろえる，④刈取速度を調整する，などが自動制御されている。

収穫ロボット　収穫アームの先端についたテレビカメラでとらえた画像を解析して（→ p.146），収穫適期のものを識別し，アームで収穫する（図 4-48）。

無人田植機（→ p.137 囲み）

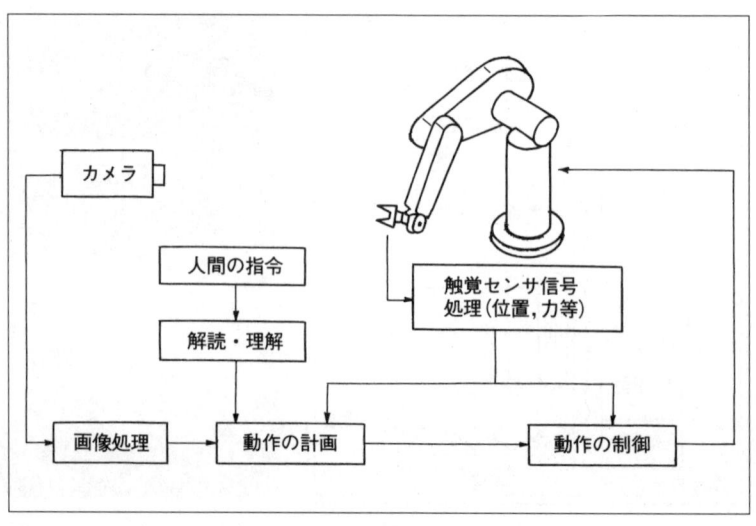

図 4-47　ロボットに要求される一連の処理

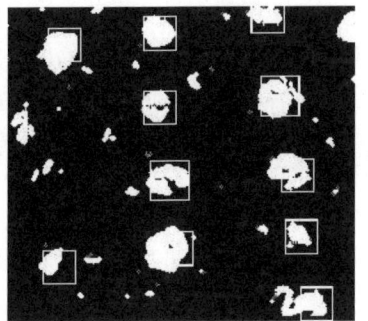

図 4-48　画像解析を利用した収穫ロボット

GPS と無人田植機

　写真の田植機は，GPS（→p.150）による自分の位置と，あらかじめ入力された水田の位置に関する情報との関係から，無人で田植えをおこなうことができる。衛星だけでは 10m ていどの誤差があり田植えには十分でないので，さらに地上の基準点の情報も利用して高い精度を実現している。

図 4-49　無人田植えロボット

このほか酪農では，搾乳や給じがコンピュータによって自動化されている。そして，自動的に記録された乳量・乳質や給じ量のデータに加え，妊娠期間などに関する情報をも取り込んで，総合的に診断して飼料配合の調整をしている。このようなシステムによって，作業がらくになるばかりでなく，乳牛の健康維持を図り，安定した乳質と乳量を確保することができる。

(2) 品質の判定

食品の流通過程においても，コンピュータを使った計測・制御の技術が応用されている。

近赤外線[17]による品質判定 近赤外線を果実や種子などにあて，透過する光や反射する光の量を測定して，果物の糖度や米の食味を判定する（図 4-50）。果実や種子を破壊しないで測定できるため非破壊検査ともよばれる。測定の原理は，あらかじめ光の量と品質に関する値との関係式を作成しておき，その関係式に測定された光の量を代入することで品質に関する値を求めるというものである。

[17] 光はいわゆる光の3原色といわれる青，緑，赤といった目で見ることができる可視光と，それより波長の短い紫外線や波長の長い赤外線がある．近赤外線は赤外線と可視光の間の波長の光で，植物内部の性質を調べるのに有効である．

図 4-50 近赤外線による品質判定の例

音波による品質判定　スイカをロボットの手でたたき，コンピュータで分析して熟度を判定するシステム。

超音波が，異なった物質の境界面で反射する特性を利用して，肉用牛の脂肪層を判定することもおこなわれている。

画像による品質判定　画像解析（→ p.146）を利用した果皮色・傷・形状判定技術，カラーセンサによる果皮色の判定技術などがある。

そのほか，香りややわらかさをセンサで検知し，果実の熟度の判定を自動化するシステムも開発されている。

このような品質評価の技術は，流通過程での省力化ばかりでなく，農産物・食品の品質向上という面でも重要な役割を果たしている。

第4章 3 情報活用の広がりとシステム化

1 農業情報システムとは

　農業情報システムとは，ある農業上の目的を達成するために，コンピュータなどを中心とする機器を使ってさまざまな情報を活用したり加工したりする，しくみのことである。

　では農業上の目的とはなんであろうか。次のようなものが考えられる。

　①農業の経営，技術を高度化する
　　・経営の低コスト化と効率化
　　・知識・情報の効果的・効率的伝達
　　・診断や将来予測によるリスクの回避や軽減
　　・複数の大量情報の組合せから未知の知見の発見
　②新しい農業ビジネスを創出する
　③農村地域の活性化や生活を快適化する

　図 4-51 は栽培管理支援システムの一例である。
　農業情報のシステムを構築するさい注意しなければならないのは，98 ページでもみたように農業生産は不確実な要素が多いということである。そのような農業現場に工場生産の場で培われた情報技術をそのまま持ち込んでも使い物にならない場合が多い。農業情報システムをつくるのは格段にむずかしいということを理解しておく必要がある。

　実際にシステムの構築をおこなう場合，一般に次のような手順をとる。

　①システムの目的をはっきりさせる。
　②システムの利用者をはっきりさせる。
　③システムの機能の詳細を設計する。
　④システム構築に必要なプログラムやデータを準備する。
　⑤システム構築に必要なハードウェアや通信回線を準備する。
　⑥設計書に従ってシステム構築をおこなう。

⑦試験運用をおこない問題点があれば修正する。
⑧完成するまで①～⑦を繰り返す。
⑨実際に運用する。

このほか，
①システムの管理者や運用者を決める
②構築するための予算や運用に必要な予算をたてる
なども重要である。
表4-10は「病害虫防除支援情報システム」❶の構築の手順についてまとめたものである。

❶病害虫防除支援情報システム
（→ p.157）

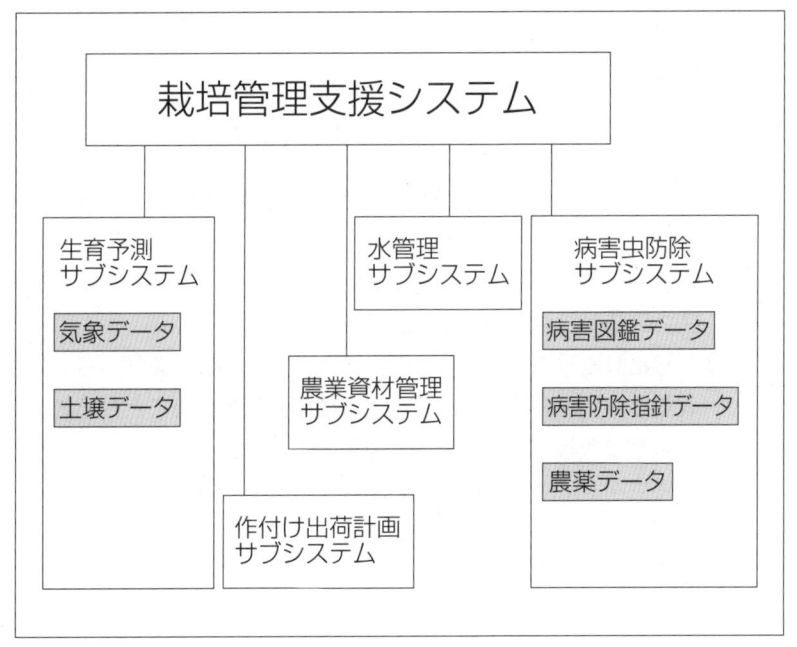

図4-51　栽培管理支援システム

表4-10 システム構築の手順例

病害虫防除支援情報システムの具体的な構築の手順

1. システムの目的をはっきりさせる
①ほ場で発生した，あるいは発生する可能性のある病害虫を的確に診断・予測する。
②診断・予測結果に応じて，防除のための指針に関する情報を得る。
③防除指針に応じて必要な農薬とその特性や使用法に関する情報を得る。
④以上の情報にもとづき，実際に防除をおこなう。

2. システムの利用者をはっきりさせる
　実際に栽培管理をおこなう農業者や栽培を指導する普及員，農協職員

3. システムの機能の詳細を設計する
①防除指針，病害虫図鑑，農薬一覧の3種類のデータベースを組み合わせることで，目的を達成する。
②病害虫図鑑の作物名から病害虫診断をおこない，特定した病害虫の防除指針を知ることができるようにする。
③防除指針で示された必要な農薬の利用法について農薬一覧で確認し，実際の防除をおこなうための知識を得ることができるようにする。
④病害虫図鑑には画像データも用意する。
⑤利用者はインターネットからブラウザを使ってシステム利用できるようにする。

4. システム構築に必要なプログラムやデータを準備する
①WWW上で動作し，3種類のデータベースを相互に結びつけるプログラム
②画像付きの病害虫図鑑データ，防除指針データ，農薬一覧データ

5. システム構築に必要なコンピュータや通信回線を準備する
　上のプログラムやデータをインストールする。そしてWWWサーバを立ち上げたり，インターネットに接続したりして，システムにインターネットからアクセスできるようにする。
6.～9. 省略

2 農業情報システムを支える技術

農業情報システムを構築するためにはさまざまな技術が必要である。ここでは，そのような技術のいくつかをみていこう。

(1) 広がるインターネット技術

①新しい情報検索の姿

インターネットの情報検索は，ふつう，利用者がキーワードを入力してデータベースからそのキーワードに合致する情報を取り出す。しかし，最近はキーワードを必要としない情報検索も可能になった。ナビゲーション検索や概念検索がその例である。

●**ナビゲーション検索** システムが利用者に適宜質問を投げかけ，回答に応じて次の質問を繰り返しながら，最後は必要な情報に導くというもの。回答は選択肢をマウスでクリックするだけでよい。また，回答がわからないときは自由に質問をスキップすることができる（→ 囲み）。

●**概念検索** 文書のデータベースを対象とした検索のしくみである。利用者が欲しい情報について自由に文で記述すると，システムはその内容に近いことが記載されている文書をデータベースから探してくる。キーワードの検索では，全く無関係のデータも検索してしまい，検索件数が多すぎるなどということもあるが，概念検索では意味内容で検索するのでそのような事態を避けることができる。

ナビゲーション検索を使ってみよう

農林水産省農業研究センターで提供される「外来雑草図鑑」
(http://riss.narc.affrc.go.jp/weed/)
でナビゲーション検索が使われている。右の画面が起動したら，「ナビゲーション検索タブ」をクリックするとナビゲーション検索が利用できる。

図4-52 ナビゲーション検索システム

②ネットワーク分散協調システム

　これまでのシステムつくりは，すべてのプログラムやデータを中央のコンピュータで集中管理するという考えにもとづいていた。しかし，このようなシステムは，一度設計すると，設計変更は困難で，更新に何年もかかるなど柔軟性に欠けている。また，保存されるデータは，そのシステムのなかだけでしか利用できない。

　インターネット技術の発展は，そのような問題を解決する，ネットワーク分散協調システムとよばれる新しいシステムの考え方を可能にしている（図4-53）。これは，ネットワーク上の異なるコンピュータ上にばらばらに存在するプログラムやデータを，必要に応じて組み合わせ利用するというものである。

　たとえば，ある気象データは，ときには生育予測プログラムに利用され，ときには出荷計画プログラムに利用されるというように，同じデータが複数のプログラムから共有されることで利用効率が飛躍的に向上する（図4-54，図4-55）。

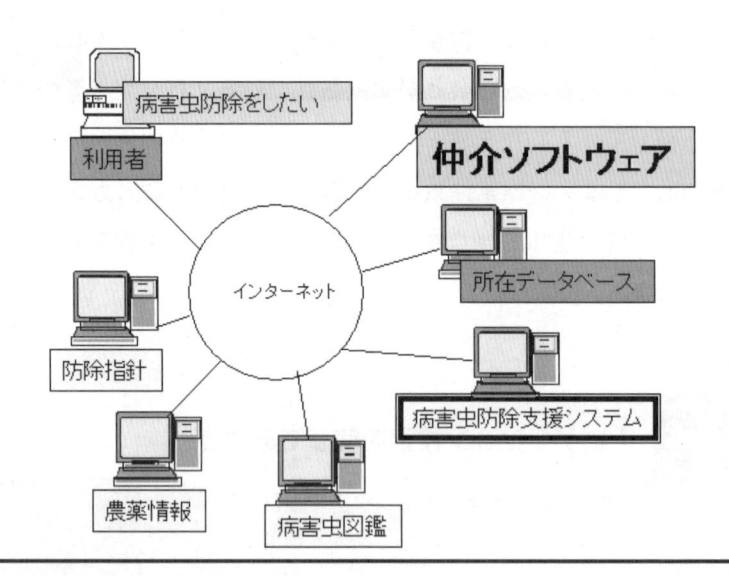

分散データベース協調システム
①利用者が「病害虫防除をしたい」とする。仲介ソフトウェアは所在データベースを参照して病害虫防除支援システムがネットワーク上にあるという情報を得て，利用者を病害虫防除支援システムに導く。
②病害虫防除支援システムは防除指針，農薬情報，病害虫図鑑が必要であることを，仲介ソフトウェアに知らせると，仲介ソフトウェアは再び，所在データベースを参照して，それらのネットワーク上の位置を病害虫防除システムに知らせる。
③病害虫防除支援システムは防除指針，農薬情報，病害虫図鑑を自動的に結びつけ利用者に病害虫に関する情報やその防除方法，および必要な農薬の種類や使い方，使用上の注意など防除に関する総合的な情報を利用者に知らせる。

図4-53　ネットワーク分散協調システム

このようなシステムを実現するためには「仲介ソフトウェア」とよばれるものが非常に重要な役割を果たす。これは，利用者の要求に応じて，必要なプログラムとデータを結びつけたり，データフォーマットのちがいを吸収したりする機能を果たす。

　したがって，あるシステムに新しい機能を追加したいというようなときに，この仲介ソフトウェアの仕様にそってプログラムを開発しておけば，かんたんにそのシステムに機能を追加することができる。

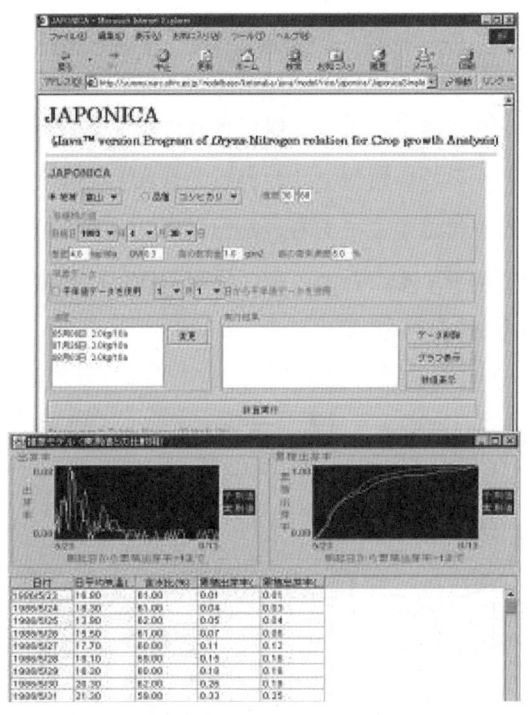

図 4-54　水稲の生育予測モデル

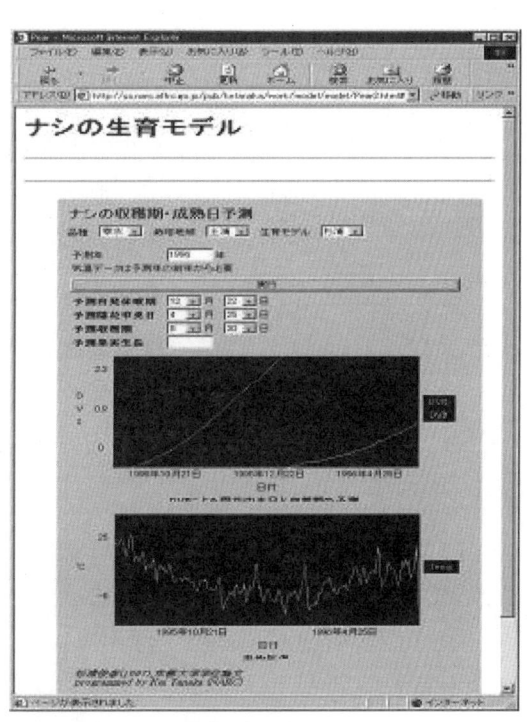

図 4-55　ナシの生育予測モデル

(2) 画像解析

画像解析とは画像データをコンピュータで処理をして，何かしらの情報を取り出す一連の作業のことである（→ p. 147 囲み）。

画像解析は，次のような農業場面での利用が可能である。

① これまで長い経験をもとに，人の目で判断していたものを，画像解析で得た情報をもとにコンピュータに代行させる。たとえば，病虫害の診断，果実の色による収穫時期の決定，品質の判定（→ p. 138），作物の生育ぐあいに応じた追肥量の決定など。

② 農用業ロボットの目として画像解析を使う（→ p. 136）。

③ リモートセンシングへの応用。

リモートセンシングは衛星によって撮影された画像を解析して，地上からはわからない情報や，わかっても入手に非常に手間のかかる情報を得る手段である。たとえば，次の例のように，衛星画像を解析することで，畑の作物別作付け面積が推定できる（図4-56）。

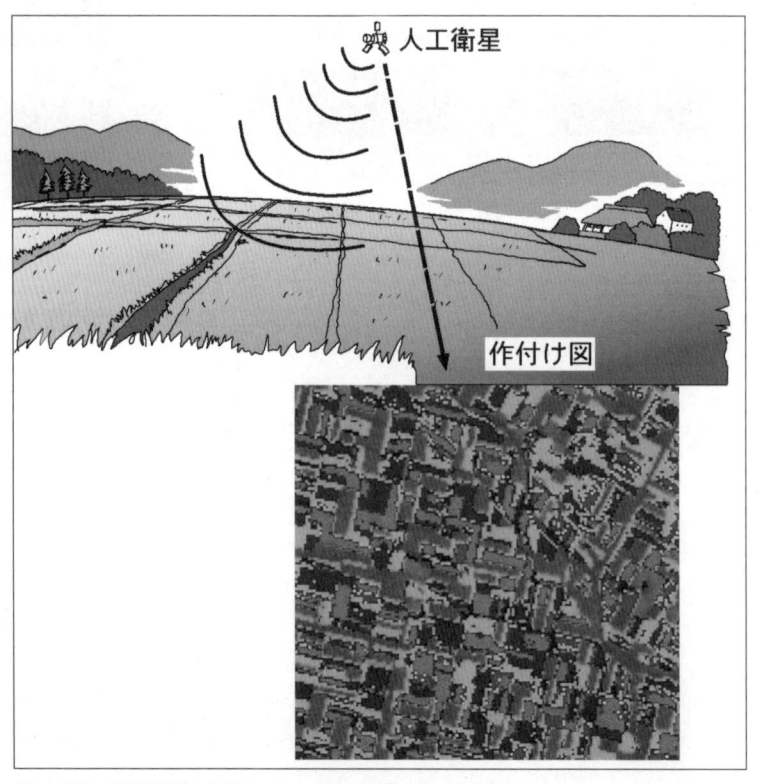

図4-56 画像解析とリモートセンシング

画像解析の流れ──葉の形の解析例

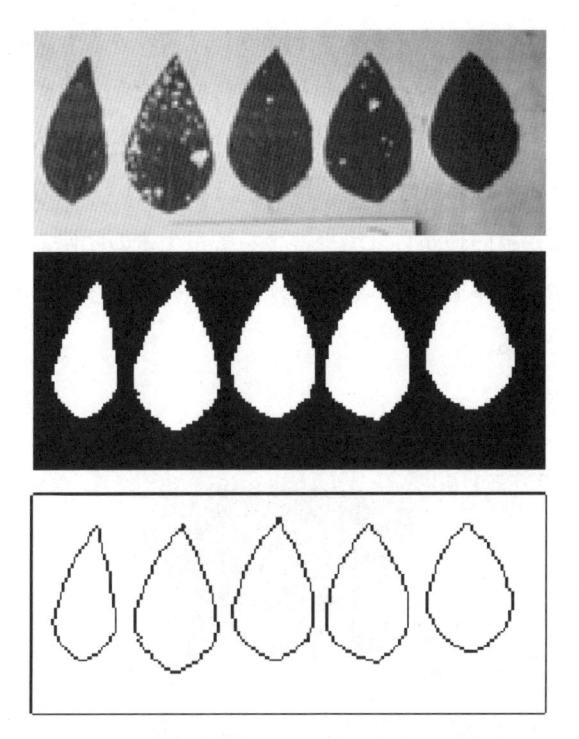

図上：ディジタル画像の獲得：ダイズの葉の画像をコンピュータに取り込む。すべて同一品種。

図中：葉の部分だけの抜き出し：二値化*とよばれる画像処理で葉の部分だけを背景から抜き出す。

図下：葉の輪郭の抜き出し：輪郭抽出とよばれる画像処理で葉の輪郭だけを抜き出し，その情報をもとに以降の解析をおこなう。

*コンピュータに取り込んだ直後の画像には色や明るさに関する情報も含まれている。この二値化処理は色や明るさの情報を取り去り，背景は黒，葉は白というように2色だけの情報をもつ画像にすること。

抽出された輪郭に関する情報を，葉の縦の長さが同じになるようにそろえて数式処理し，葉1枚1枚の形を係数に数値化し，それを平均することで，葉の平均の形がわかる。左は葉40枚を平均したもの。また，平均せずに40枚の葉の輪郭を重ねて書くことで，同じ品種のなかの葉の形のばらつきを示すことができる（右）。

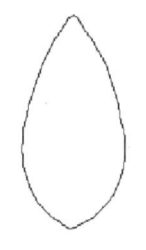

3 情報活用の広がりとシステム化

(3) インターネット・ライブカメラシステム

　インターネット・ライブカメラシステムは，ほ場にインターネット・ライブカメラを設置し，このカメラが映すほ場のようすをインターネットを介して離れた場所から観察できるしくみである（図4-57）。利用者は閲覧ソフト（ブラウザ）さえもっていればよく，特別なソフトウェアは必要ない。このシステムは，農業者が遠隔地からほ場や畜舎を監視するのに使えるばかりでなく，産直（→ p.161）や農業教育システムなどさまざまな場面で利用できる。

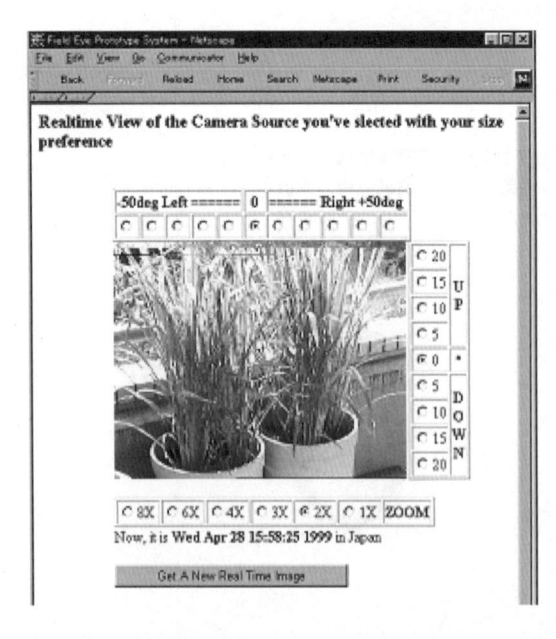

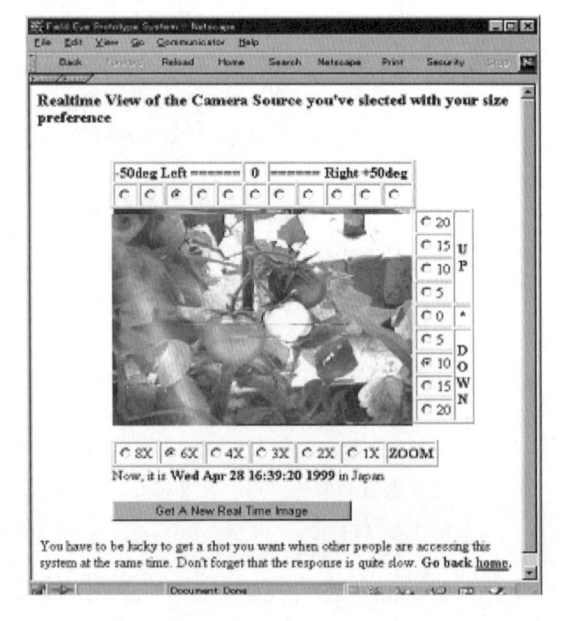

図4-57　インターネット・ライブカメラシステム

(4) 地理情報システム（GIS）

　面的に広がるデータを管理する一種のデータベース機能とそのデータについて解析する機能をあわせもったシステムでGIS❷とよばれる（図4-58）。たとえば，ほ場の位置に関するデータ，地形に関するデータ，土壌に関するデータ，気象に関するデータ，河川の位置に関するデータなどをGISに保存する。そして，一定の条件にあう土地だけを抜き出して地図上に表示するといったことができる。どこに何を栽培するかといった計画を立てたり，河川付近には農薬や肥料の使用が少ないような栽培をするといった，環境調和型農業の指針つくりにも利用でき，その応用範囲は広い。

❷ GIS: Geographic Information System

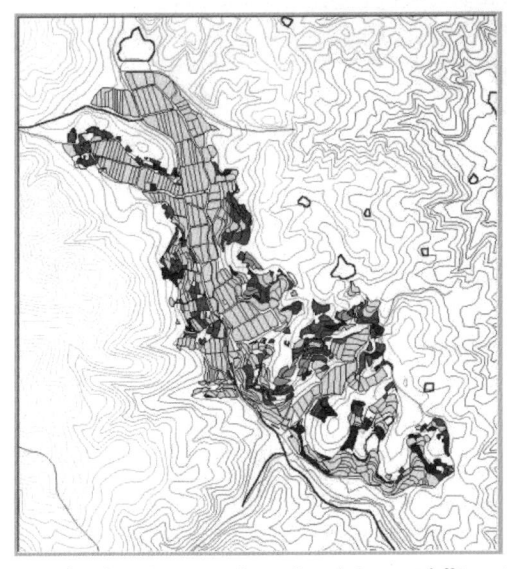

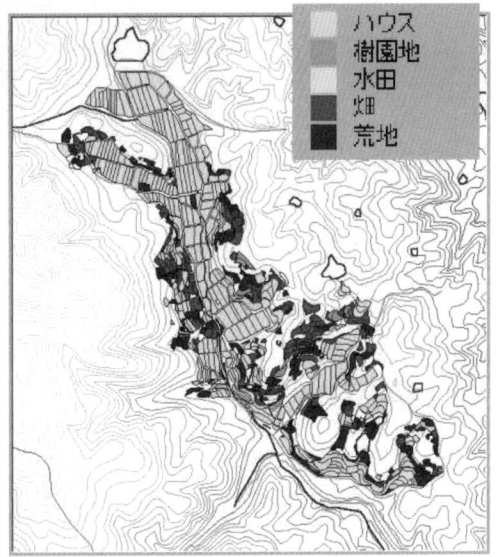

図4-58　地理情報システムの例

(5) 全地球位置測定システム (GPS)

❸ GPS: Global Positioning System

　人工衛星を使って位置を測定するシステムで，GPS❸とよばれている。ふつう3つの衛星との位置関係から自分の位置を割り出す。身近な例ではカーナビゲーションシステムに利用されている。農業用にも多くの応用が期待され，とくに精密農業（→囲み）を実現するための重要な技術である。また，無人農作業機（→ p.137）への利用のほか，有人農作業機でも，1日の経路を記録して，農作業の効率化のための情報収集をおこなうなどの使い道がある。

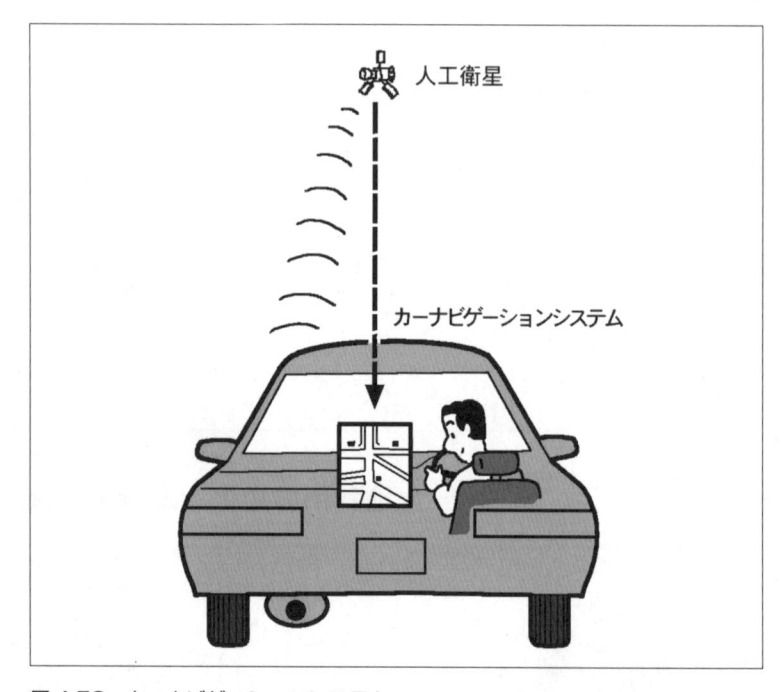

図4-59　カーナビゲーションシステム

精密農業

　施肥や農薬散布をおこなうとき，これまではほ場のどこも均一に施すのがふつうだった。しかし，実際にはほ場内の地力や被害には差があり，それに応じて分量を調整するほうが，栽培管理上も経済的にも望ましいばかりでなく，環境への負荷も最小限にすることができる。このように，ほ場内をこまかく計測し，必要な管理を必要な場所に必要なだけおこなうことで，高い生産性を維持する一方，環境にもやさしい農業をめざすものを精密農業とよぶ。

第**5**章

食料・農業,地域社会の創造と情報活用

第5章

1 環境・資源の保全と情報活用

1 この分野の情報活用の特徴

　環境・資源問題は21世紀地球規模での最大の課題である。
　地球全体の環境や資源の状況を把握することが，近年発達したコンピュータシステムやリモートセンシング技術によって可能となってきた。リモートセンシング技術（→ p. 146）の発達によって，まだいくつかの問題はあるものの，膨大な量の情報を容易に集めることが可能となった。さらに集めた情報を整理し，かつ各種の加工をおこなうための地理情報システム（GIS）さらに全地球位置測定システム（GPS）が開発されている（→ p. 150）。

2 情報活用の実際

①環境情報センシング

　地球環境　地球環境の調査は，国際機関を通じて世界各国が協力しておこなっている。わが国は，東アジア，西太平洋地域を中心に，成層圏では主としてオゾンの変化を，対流圏では地球温暖化に関するガス，CO_2，NO_x，SO_x，CH_4，フロン，Rnなどの測定を，海洋では水温，塩分濃度，pH，クロロフィルa量，栄養塩濃度などを調査するほか，生物圏でも各種の調査をおこなっている。

　大気環境　基本的な気象条件は，従来からの地上あるいは海上の定点観測に加えて，レーダーや衛星によるリモートセンシング技術が用いられている（表5-1）。わが国では気象庁が約20kmおきにメッシュ状に設けている地域気象自動観測システム，アメダス[1]があり，その個々の観測点において，気温，風向・風速，日照，降水量の観測がおこなわれている。

　大気質としては，大気汚染物質としてNO_2，SO_2，CO，NO，O_3の連続測定も各地でおこなわれている。さらに，光化学オキシ

[1] アメダス：AMeDAS (Automated Meteorological Data Acquisition System)

表 5-1 リモートセンシングに用いられる測器とその観測対象と使用波長

波 長	名 称	センサ	観 測 対 象
10nm〜400nm	紫外線	分光放射計 写真	植物（傷害）
〜700nm	可視線	分光放射計 写真 TV	植物（形状，葉色，クロロフィル濃度，バイオマス）
〜1500nm	近赤外線	赤外線写真 分光放射計 放射温度計 サーモグラフィ 赤外放射計	植物（葉面積，水分，葉温，水ストレス，窒素濃度）土壌（水分，温度）対象物の表面温度
〜15μm	中間赤外線		
〜1mm	遠赤外線		
〜1m	マイクロ波（極超短波）	放射計 レーダ レーザレーダ ドップラーレーダ	植物（群落の立体構造） 土壌中の水分 降水，水蒸気，雲，積雲 大気境界層（気温，気流）
周波数 1.6kHz〜4.8kHz	超音波	ドップラーレーダ	大気境界層（気温，気流）

ダント，粉塵，フロンガス，メタンガスや酸性雨などの観測もおこなわれている（表5-2）。

局所的には，臭気，異臭のモニタリングもおこなわれる。

水環境 基本的な物理量として，水温，河川の場合は流量，流速，水位，（湖沼は水位のみ）の観測が常時おこなわれている。さらに，pH，EC，BOD❷などが水質変化の指標として観測される。そのほか，重金属やPCBなど水に混入する有害化学物質は必要に応じて，検出のための測定がおこなわれる。

❷ BOD: Biochemical Oxygen Demand
生物化学的酸素要求量

👉 データ収集・解析法──メッシュ法と力学モデル法

大気環境の中で，基本的な気象条件を求める方法にメッシュ法がある。まず，観測網を網の目（メッシュ）のように配置し，各種のデータを収集する。この場合，観測点では正確な値が得られるが，そのメッシュ内の各地点では観測値は得られない。そこで，各地の推測値を得るために，観測点の観測値を，なんらかの基準にもとづいて比例配分するという方法をとる。一般的には，気象条件への影響が大きい標高差を用いてきたが，気象への影響を標高差のみに限定することにはかなりの無理があることは言うまでもない。そこで，近年力学モデルを使用する方法が使われるようになった。力学モデルは大気運動を力学的に表現するもので，大型・高速なコンピュータが必要である。もともと，地球規模あるいは大陸などかなりの広域な気象予測のために用いられてきた。

表 5-2 環境の物理的情報と化学的情報

		環境情報	
		物理的情報 (物理的調査)	化学的情報 (化学的調査)
環境	大気環境	気温, 降水量, 風向, 風速, 日照時間, 気圧, 蒸発量, 降雪量, 日射量, 湿度	NO_x, SO_x, CO, 粉塵光化学オキシダント CO_2, O_3, N_2O, CH_4, フロンガス, 臭気物質, pH
	水環境	水温, 流速, 流量, 水深, 水位	pH, BOD, COD, SS, DO, TOC, 窒素, リン, 重金属, 有機塩素化合物
	土壌環境	透水性, 粒径, 比重, 粘性, 保水性, 孔隙率	pH, Eh, イオン交換能, 吸着性, 全炭素, 窒素, リン, 特定有害物質, 重金属
	その他	騒音, 振動, 低周波空気振動, 地盤沈下量, 景観	

注　COD：化学的酸素要求量。水質汚濁指標の1つ。SS：懸濁浮遊物質。水中に分散・浮遊している不溶性の固形物。DO：溶存酸素量。水中に溶けている酸素量。TOC：全有機体炭素。水に含まれる有機物質中の炭素量。Eh：酸化還元電位。水中の酸化還元状態のていどをあらわす指標。

土壌環境　土壌の場合は流体のように連続計測は困難で，かつ局所的な計測になる。物理的性質に関しては，土壌水分，pH，EC，水ポテンシャルなどが計測できる。その他イオンや重金属などの計測はサンプリングにより分析しておこなう。

騒音，振動，低周波空気振動　必要に応じて，これらの計測もおこなわれる。

②気象情報農業高度利用システム

　気象庁から得られるアメダスのデータなどの一般気象情報だけでなく，各地で得られるロボット観測情報を総合的，効率的に利用して，力学モデルを適用して，最終的には1kmメッシュのリアルタイムと48時間後までの予測を正確におこなうシステムである。このためにまず，各地のロボット観測を中央に集めるため，さらに解析結果を各地に配信するために衛星通信が使われている。

③冷害早期警戒システム

とくに冷害発生が多い東北地方向けであるが、地域ごとに冷害発生の危険度を予測して最善の事前対策がとれるようになっている。また、気象条件と密接に関係のある、いもち病発生予測も同時におこなっている（図5-1）[3]。

[3] 冷害早期警戒システムは農林水産省東北農業試験場のホームページ http://www.tnaes.affrc.go.jp/ から自由に利用することができる。

図5-1　冷害早期警戒システム

第5章 2 生産・加工の改善と情報活用

1 この分野の動向，情報の特徴と情報活用

　生産・加工における情報の活用は，酪農分野でいちはやく進められてきた（→ p.138）。

　果物の選果も情報化・自動化が進んでいる分野の1つである。画像解析技術や赤外線分析，さらに打音の音響分析などの技術を利用したものが実行されている（→ p.138）。今後は，選果施設で測定した品質情報などを生産者に還元し，栽培技術の向上に役立てることも考えられている。

　気象情報や市況情報の活用については第4章で学んだが，これまでは，単に農業者に気象や情報を伝えるだけで，その分析や判断は農業者まかせであった。しかし，今後は生育予測や災害予測，価格予測など，情報に付加価値をつけて提供することが模索されるだろう。

　最近，あるポテトチップス・メーカーは，ジャガイモの栽培を委託している農家ごとに品質検査記録をチップス製造にいたるまで保存することを始めた。このような情報を蓄積することで，農家の技術指導や土地改良に生かそうというわけである。

　今後の農業情報システムは，このように生産から加工までの流れを統合的に取り扱い，高い収益性や生産性，高品質，低い環境負荷など，複数の要求を最もバランスよく達成するために役立つようなものとなることが期待されている。

2 情報提供と活用の事例

ここでは実際に活用されている農業情報システムの事例を紹介する。いずれもインターネットから使えるシステムで，なかには無料のものもある。

①経営診断システム

自分の経営状態がどのようになっているかを知りたいというようなときに，作物や経営規模などを入力すると，同じような営農をしている標準的な農家と比較して，自分がどの位置にあるか知らせてくれるサービスである。自分の営農について，分析し将来計画を立てる材料とすることができる。

②市況情報システム

農産物の市況を知ることができるWebページも数多くある。市場が自由化されて以来，米の市況も毎日変化するようになった。市況情報の多くは会員制の有料サービスになっているが，一部無料で閲覧できる。

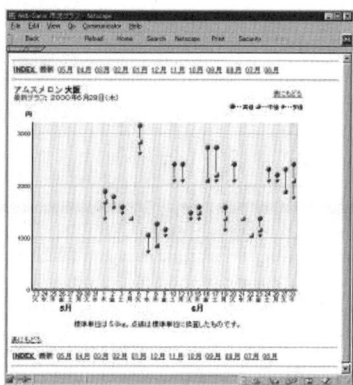

図5-2 米の市況と野菜の市況

③病害虫防除支援情報システム

21世紀の農業の大きな目標に，環境保全型農業があるが，その実現のためには，農薬などの使用を最小限に押さえることが求められる。その前提として正確な病害虫診断と的確な対策が重要である。しかし，病害虫の種類や農薬の種類は非常に多く，また利用法もさまざまである。「病害虫防除支援情報システム」（図5-3）

は，病害虫診断とその対策を支援するために開発されたシステムである。このシステムには病害虫の「防除指針」,「病害虫図鑑」,「農薬一覧」の3種類のデータベースが含まれている。そして，それぞれのデータベースが相互に関係づけられている。たとえば，病害虫図鑑の画像を参照して，病害虫を特定し，その対策を病害虫防除指針で確認，そして指針にあった農薬の性質や使い方を農薬一覧で確認するといった一連の作業が，マウスのクリックだけでかんたんにおこなうことができる。

④農業情報システム

インターネット・ライブカメラ（→ p.148）を中心とした農業情報システムも開発されている。このシステムは，一定時間ごとに自動的に画像を撮影して画像データベースに保存する機能と，このシステムに接続された気象ロボットから気温や湿度などの気象データを自動的に記録する機能がある。このシステムを温室などに設置すると，作物の生育状況画像と気象情報を経時的に自動的に保存することができる。そして，成育状況と気温の関係などを経時的に比較しながら，栽培管理の方針などを決定することができる。このように簡便に現場情報を収集できることは，非常に重要である。

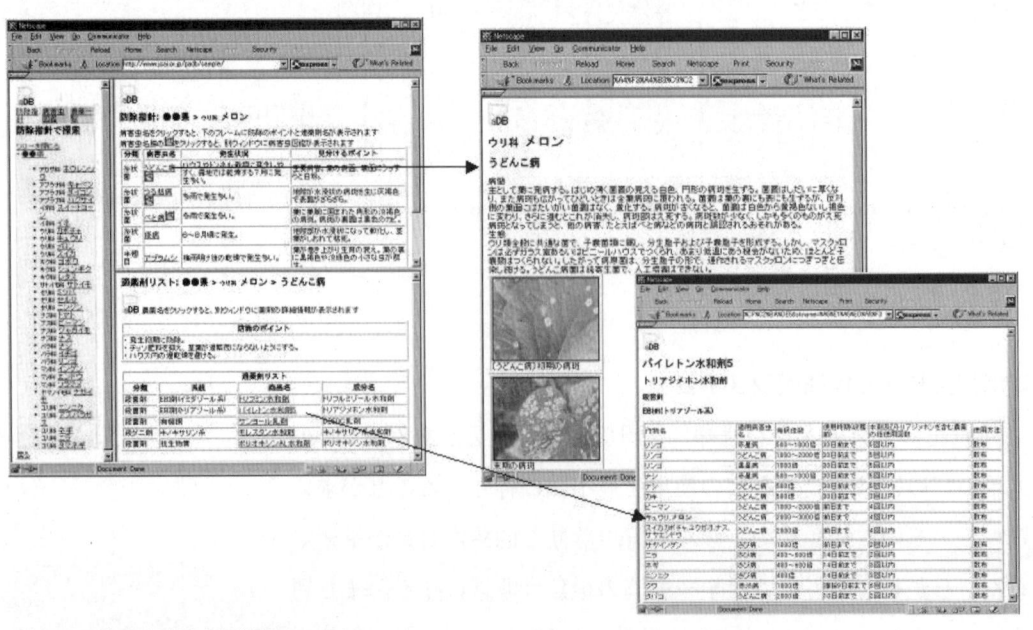

図5-3　病害虫防除支援情報システム

第5章 3 流通・販売の変革と情報活用

1 この分野の動向，情報の特徴と情報活用

　産地と卸売市場を結ぶ情報通信ネットワークは重要な役割を果たしている。すでに，生鮮食料品の情報提供は全国規模で実施されている。最近では，情報通信技術を活用して，さまざまな企業が農産物流通分野に参入している。とくに，インターネットの普及により，小売業界に変革が起きている。

2 情報活用の事例

(1) 小売段階の情報活用

①販売時点情報管理（POS）システム

　コンビニエンスストアやスーパーマーケットなどでは，商品につけられているバーコード（→囲み）が効率的な商品管理に重要な役割を果たしている。

　支払いのレジで，店員が商品のバーコードを光学式自動読取装置で読み取ると，その情報は本部のコンピュータに送られ，売上管理，在庫管理，仕入れなどに活用される。この情報通信システムを販売時点情報管理（POS）システムという（図5-5）。

　POSシステムの導入により，次のような効果がある
　①売れ筋商品が明らかになり，適切な品そろえができる。
　②商品の回転率が上がり，在庫経費を削減できる。

バーコード

　バーコードは13桁で構成されており，最初の2桁は国コード（日本は49），次の各5桁はメーカー・コード，商品コード，最後の1桁はチェックディジットである。

4 902201 030250
国コード　メーカーコード　商品コード　チェックディジット

図5-4　バーコード

③清算処理時間が短縮できる。

④データ入力ミスを少なくことができる。

さらに，発注まで含めた情報通信システムもある。これは電子発注システム（EOS❶）という。

❶ EOS: Electronic Ordering System

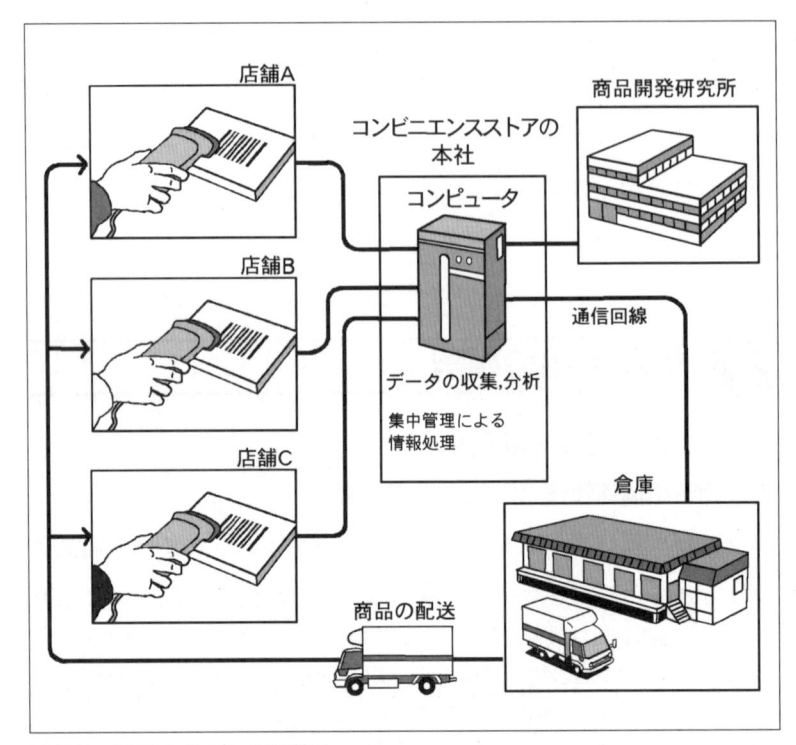

図5-5　POSシステムの概略図

②インターネット産直とインターネット商店街

インターネットが普及したことで農業に参入する企業が増えてきた。たとえば，あるインターネット関連企業は，全国の減農薬野菜栽培をしている農家と提携し，青果物をインターネットのホームページで注文を受け，宅配している。

農家は，パソコンと電話回線があれば，インターネット上のショッピングモールに出店できる（図5-6）。インターネットのショッピングモールを活用することにより，

①出店の初期投資が少ない，

②24時間営業ができる，

③世界中から受注できる，

などの利点がある。

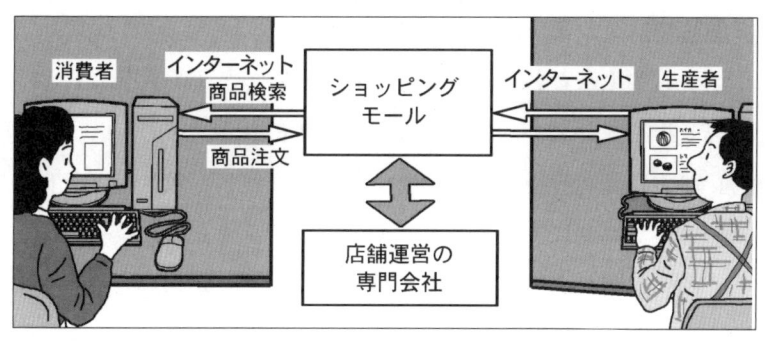

図 5-6　ショッピングモール

インターネット・ライブカメラを応用した産直

　茨城県のある農家は，温室内にインターネット・ライブカメラを設置して，新しい形の産直を試みた。まず，温室内にいくつかの区画をつくり，メロンの苗を植える。次に，各区画を消費者にライブカメラで見てもらい，好きな苗のある区画を購入してもらう。購入した人は，収穫までメロンがどのように成長するかを，好きなときにインターネットで確認できる。そして，農家は最終的に収穫し購入者に送ることになる。つまり，この農家が販売するのは収穫物であるメロン果実ではなく苗と栽培の手間，そして生育経過を楽しめる権利ということができる。消費者にもたいへんに評判がよく，新しい形の産直として注目されている。

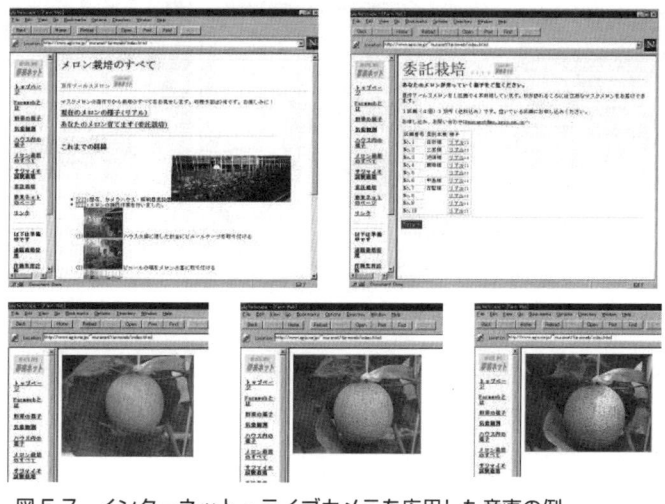

図 5-7　インターネット・ライブカメラを応用した産直の例

3　流通・販売の変革と情報活用

③農産物認証システム

消費者が生産者名や収穫日を知ることができるシステム。

農産物認証システムは次のような流れになる。

1. 農業者は収穫後，収穫作物，品種，収穫日，数量などを自宅のパソコンに入力する。手元のプリンタからは，情報番号とホームページアドレスが記載されたラベルが印刷されるので，パッケージに貼り付けて出荷する。
2. 一方，入力された情報は，中央のサーバに登録される。
3. 消費者は，スーパーなどでこの商品を購入後，自宅のパソコンでラベルに表記されたホームページにアクセスする。そして，情報番号を入力すると，購入した農産物の品種名や収穫日，生産者名などに加え，栽培方法や調理方法などの情報を得ることができる。さらに，食後の感想を生産農家に送るなど交流をすることもできる。

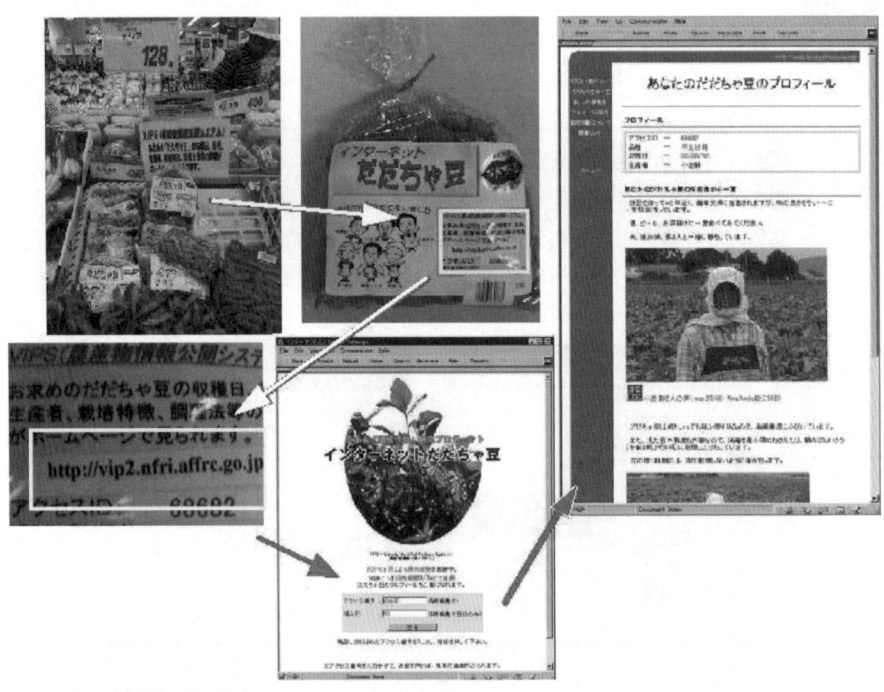

図5-8 農産物認証システムの例

(2) 卸売市場の情報活用

①出荷情報システム

青果物はスーパーマーケットなどの大口需要者の取扱比率が高いので，スーパーマーケットの開店時間前に品そろえすることが求められる。それで卸売市場では，せりの前に青果物の取引がおこなわれる場合が多い[2]。このような取引をスムーズにおこなうために，産地では事前に電話やファクシミリで数量・等級などの出荷明細を送っているが，先進的な産地では，情報通信ネットワークを使って出荷明細書を送り，有利な販売に役立てている[3]。

②売立・仕切情報システム

青果物の価格は卸売市場のせりにより決められる。価格は産地，規格，数量などにより異なるが，せり終了後，卸売会社から情報通信ネットワークを利用して産地に送信される（この市況情報を売立・仕切情報という）。

このシステムにより出荷から販売までの事務処理が合理化され，産地間競争が激化するなかで，全国的に利用が広がった[4]。

[2] これを先取りあるいは予約相対取引方式という。

[3] 1990年4月から開始され，多くの農協，経済連で利用されている。

[4] この情報システムはベジフル・システムとよばれている。

図5-9 システム化された花き市場

(3) 国民生活の安定化と情報提供
①生鮮食料品流通情報サービス

　青果物価格が暴落あるい高騰すると農家のみでなく，消費者にも不安を与える。このような不安が発生しないように，国は価格情報を公開し，生産者および消費者が適切な対応ができるようにしている。このシステムは全国の主要卸売市場から価格情報を収集し，かつ全国に配信できるわが国唯一のもので生鮮食料品流通情報サービスとよばれている❺。

❺卸売市場の価格情報などを農林水産省が管理し，民間利用者には（社）全国生鮮食料品流通情報センターを通じて提供している。

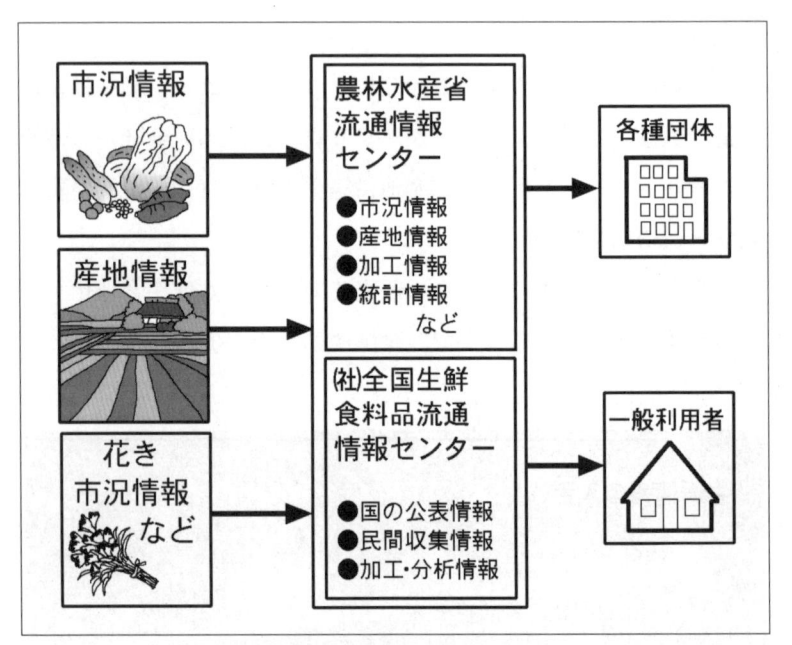

図5-10　生鮮食料品流通情報サービスのシステム図

第5章 4 生活，農村・都市交流と情報活用

1 農村生活と情報活用

　農村の生活を快適にするためにも情報が活用されている。
　近年，情報通信システムの発達により，農村にもコンビニエンスストアが出店し，また通信販売も手軽に利用できるようになった。農村が抱えていた地理的な生活上の不便さは解消してきた。
　また，CATV❶などを使った連絡網も整備されてきた。とくに，高齢者への連絡には，文字のみでなく，絵や図，音声などを手軽に送受信できるCATVが活用されている。
　このように農村における情報の活用は，農村の地理的不利さを解消し，さらに高齢者などのような社会的に弱い人びとを支援する役割も果たしている。

❶ CATV：Community Antenna Television
共同聴視アンテナテレビ，またcable TV。

2 情報活用の事例

①生活情報の入手

　CATVは多くの番組を見ることができるが，地域独自の番組も制作・放送されている。これらの自主番組では，地域内外の村づくりの優秀事例とか新しい農業技術などを紹介している。さらに，

図5-11　CATVのテレビ局

自主番組の空き時間には，営農情報，防災情報，広報などが文字情報として流されている。このようにして，生活に必要な情報をすぐに知ることができる。

②趣味・学習機会の増加

近年，CATVにインターネットの機能が追加され，その活用範囲がさらに広くなった。生活面ではインターネットを活用して趣味を広げたり，自己啓発や生涯学習に取り組むということが容易になった。

③就業機会の拡大

農村は就業機会に乏しく，若者の流出がつづいている。ところが，近年，農村で知識集約型産業へ就業することが可能になってきた。これを可能にしたのがテレワーク❷（SOHO❸の形態もある）である。テレワークとは農村に住みながら，電子メールやテレビ会議などの情報通信手段を利用して仕事をすることをいう。

テレワークを活用して，地域特産品の商品開発・販路の開拓，観光情報の発信，都市と農村のツーリズムネットワークづくり，ソフトウェアおよび情報コンテンツの開発（ホームページの作成）などができる。

❷テレワーク：情報通信の技術を使って仕事をすること。

❸ SOHO: Small Office Home Office
小規模および在宅事業者

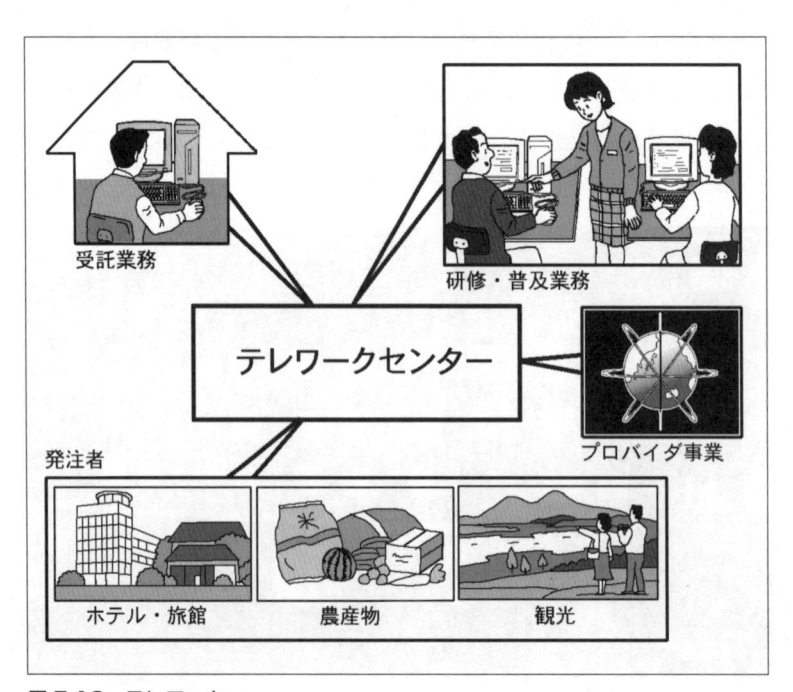

図5-12　テレワーク

④農業・農村の魅力の発見

　多くの小・中学校では植物栽培をしている。また総合的学習で農業体験を実施している学校もある。このような授業で，肥培管理や病害虫対策などについて農家，農協，農業試験場などに電子メールを送って，質問や相談をすることができる。このような農家との交流の中から，子どもたちに農家や農産物に対する感謝の気持ちが芽生えてくるであろう。

　さらに，農村と都会の子どもたちの交流もインターネットで生み出される。都会の子どもたちが知らない情報を農村の子どもたちが知っていたり，また逆のこともある。このような経験が日頃気づかない農業・農村の魅力を発見するきっかけを与える。子ども時代に農業・農村のすばらしさを学ぶことは，大人になっても農業・農村に温かい目をもった消費者になるであろう。

図5-13　農業体験関係のホームページ

地域医療・福祉の充実と情報活用

　介護サービスでは，情報通信システムを次のように活用している。ホームヘルパーが介護現場から携帯電話で介護サービスに関するデータを事務所に送信する。事務所で受信したデータをもとにして介護報酬請求書の作成，介護スケジュールの調整，介護記録などに活用している。

　農村では，医師確保がむずかしく，日常的に安定した医療サービスが受けにくいという悩みがある。また診療科目が不足しており，循環器疾患や脳神経外科などの専門医による高度な医療サービスが受けられないなど，医療の質においても問題が生じている。

　過疎地・離島では，遠隔地医療システムを段階的に構築し，離島医療に取り組んでいるところもある。静止画像伝送システムを配置した離島の病院から，専門医の診断・治療が必要な救急患者や病態のはっきりしない患者のCT画像やX線画像を通信回線で国立病院へ電送し，専門医が画像を見ながら離島病院の医師へ指示などを与えるシステムである。

　また，緊急通報システムは，高齢者の健康不安を軽減できるので要望が多い。高齢者は緊急時に緊急通報の押しボタンを押すと，事前に登録されている家族とか近所に住んでいる親戚などに通報される。通報を受けた家族とか親戚は高齢者に連絡を取り，救急車の出動が必要か否か判断し，必要な場合には消防指令センターに連絡し，救急車の出動を要請する。

索引

あ

ISDN 回線 …………………… 72
ISP ………………………………… 74
I/O ポート ……………………… 128
アイコン ………………………… 27
IC …………………………………… 14
IC 温度センサ ……………… 127
ID …………………………………… 75
IT 革命 …………………………… 24
アクセスポイント …………… 75
アクティブ ……………………… 51
アドレス帳 ……………………… 87
アナログ信号 ………………… 24
アプリケーションソフトウェア …… 20
AVERAGE ……………………… 50
アメダス ……………… 103, 152
AND 検索 ……………………… 84

い

EOS ……………………………… 160
E-コマース ……………………… 5
EC ………………………… 5, 133
EDI ………………………………… 5
E メール ………………… 76, 86
移動 ……………………………… 37
移動平均 ……………………… 108
IF …………………………………… 56
イメージスキャナ ……… 19, 63
印刷プレビュー ……………… 33
インスタントメッセージング …… 77
インターネット ………… 71, 74
インターネット・サービスプロバイダ
……………………………………… 74
インターネット・ライブカメラ
システム ……………………… 148
インターネット産直 ……… 160
インターネット商店街 …… 160
インターネット電話 ………… 77
インターフェース ……… 125, 128
インデント ……………………… 39

う

Web サーバ …………………… 80
Web サイト …………………… 80
Web ブラウザ ………………… 80
Web ページ …………………… 80
売立・仕切情報システム …… 163
上書き保存 …………………… 37
上書きモード ………………… 31

え

HTML …………………………… 92
A/D コンバータ …………… 128
XY グラフ ……………………… 54
閲覧ソフトウェア …………… 80
エディタ ………………………… 93
ENIAC …………………………… 14
FEP ……………………………… 32
MIDI ……………………………… 23
MO ドライブ ………………… 18
LED ……………………………… 129
LSI ………………………………… 15
LP 法 …………………………… 120
円グラフ ………………………… 52
演算 ……………………………… 16

お

応用ソフトウェア …………… 20
OR 検索 ………………………… 84
OS ………………………………… 20
OMR ……………………………… 19
OCR ……………………………… 19
オートログイン ……………… 75
お気に入り …………………… 82
帯グラフ ………………………… 52
オペレーティングシステム … 20, 21
折れ線グラフ ………………… 52
ON／OFF 制御 ……………… 124
温度センサ …………………… 126
音波による品質判定 …… 139
オンラインショッピング …… 77

か

階層構造 ……………………… 29
概念検索 ……………………… 143
外部情報 …………… 100, 112
拡張子 …………………………… 93
確定キー ……………………… 32
画像解析 ……………………… 146
画像による品質判定 …… 139
カテゴリー検索 ……………… 85
かな漢字変換 ………………… 32
かな入力 ……………………… 31
環境計測用センサ ……… 131
環境情報 …………… 99, 103
環境情報センシング …… 152
関数 ……………………………… 47
関数一覧 ……………………… 50
乾燥機 ………………………… 136

き

キー ……………………………… 53
キーボード ……………………… 18
キーワード検索 ……………… 83
記憶 ……………………………… 16
機械量検出センサ ……… 127
気象情報農業高度利用システム
……………………………………… 154
起動 ……………………………… 26
基本ソフトウェア …………… 20
逆順 ……………………………… 53
行数 ……………………………… 38
近赤外線による品質判定 …… 138
禁則処理 ……………………… 40

く

空気調和法 ………………… 132
空調 …………………………… 132
グラフ …………………………… 51
グラフィックスソフト ……… 58
グラフオプション …………… 51
クリック ………………………… 27

け

経営情報	100, 112
経営診断システム	157
けい線	38
計測	122
携帯電話	2
桁数	48
検索	83
検索エンジン	83
検索関数	56
検索サイト	83

こ

合計	47
公衆回線	71
降順	53
後退キー	33
高度情報通信社会	3
コネクタ	72
コピー	36
コンピュータウイルス	78
コンピュータネットワーク	70

さ

サーバ	80
サーミスタ	126
最小値	50
最大値	50
作業の自動化	136
削除	35
削除キー	33
SUM	47
3次元グラフィックソフト	58
散布図	54

し

CRT	19
GIS	149
CATV	165
CSV	103
シーケンス制御	122
CD-ROM ドライブ	18
GPS	150
CPU	17
磁気センサ	127
識別番号	75
市況情報システム	157
仕切り	113
時系列データ	107
字下げ	39
自脱コンバイン	136
湿度センサ	127
シミュレーション	44, 55
収穫ロボット	136
終了	26
主記憶装置	16, 17
受信トレイ	88
出荷情報システム	163
出力	16
出力機器	19
昇順	53
照度	131
情報格差	8
情報活用能力	10
情報通信革命	24
情報提供サービス	76
情報の流れ	6
情報の発信	115
乗用トラクタ	136
植物工場	135
書式	37
ショッピングモール	160

す

水素イオン濃度	133
数式	46
数式バー	45
数値データ	45
スピーカ	19

せ

生活情報	99, 101
制御	16, 122
正順	53
生鮮食料品流通情報サービス	164
生体情報	99, 107
精密農業	150
セキュリティ	78
絶対参照	56
セルポインタ	44
線形計画法	120
センサ	125
全地球位置測定システム	150
専用回線	71

そ

層グラフ	52
挿入	35
挿入モード	31, 35
ソート	53
SOHO	166
測温抵抗体	126
ソフトウェア	20
ソフトウェアライブラリー	76

た

ターミナルアダプタ	72
大気環境	152
第2軸	110
ダイヤルアップ接続	74
タグ	92, 95
タブ	39
WWW	76
ダブルクリック	27
タブレット	19
端末装置	70
段落	38

ち

地球環境	152

知的所有権……………………8	ドローソフト……………58, 60	販売時点情報管理システム…159
チャット…………………………77	**な**	**ひ**
中央処理装置………………16, 17	内部情報………………100, 112	PID 制御……………………124
著作権……………………………8	NOW……………………………51	pH……………………………133
地理情報システム……………149	ナビゲーション検索…………143	BBS……………………………77
つ	名前をつけて保存………………37	光磁気ディスク………………18
通信回線…………………………72	並べかえ…………………………53	光センサ………………………127
通信条件…………………………74	**に**	引数………………………………47
通信用ソフトウェア………23, 73	2000 年問題……………………8	日付関数…………………………51
ツール……………………………59	日射量…………………………131	病害虫防除支援情報システム…157
ツリー構造………………………29	日照率…………………………131	描画ソフトウェア…………22, 58
て	日本語フロントエンドプロセッサ…32	表計算ソフトウェア………22, 43
D/A コンバータ………………128	入力………………………………16	**ふ**
DO……………………………133	入力装置…………………………18	ファイル……………………26, 29
TCP/IP…………………………74	**ね**	フィードバック制御…………122
ディジタル化……………………24	熱電対…………………………126	フィードフォワード制御……122
ディジタル・カメラ………19, 63	ネットワーク分散協調システム	VLOOKUP……………………56
ディジタル信号…………………24	……………………………144	フォトレタッチングソフト…58
ディジタル通信回線……………72	**の**	フォルダ……………………27, 29
ディジタル・ディバイド………8	ノイマン型コンピュータ……14	複合環境制御システム………134
ディジタル・ビデオ……………19	農業情報システム………140, 158	複写………………………………36
ディスプレイ……………………19	農業用機械……………………136	ブックマーク……………………82
データベース………………77, 112	農産物認証システム…………162	ブラウザ…………………………80
データベース・ソフトウェア…22	NOT 検索………………………84	プリンタ…………………………19
デジタイザ………………………19	**は**	プレゼンテーション……………68
Delete…………………………33	バーコード……………………159	プレゼンテーション・ソフトウェア
テレワーク……………………166	ハードウェア……………………20	（プレゼンテーションソフト）
電気電導率……………………133	ハードディスク…………………17	……………………22, 68, 111
電子掲示板………………………77	PI………………………………54	プロセス制御…………………135
電子商取引………………………5	ハイパーテキスト………………81	フロッピーディスク・ドライブ…18
電子データ交換…………………5	バイメタル……………………124	プロトコル………………………74
電子発注システム……………160	パスワード…………………75, 79	プロバイダ………………………74
電子メール…………………76, 86	Back Space……………………33	プロパティ………………………48
添付ファイル……………………89	発光ダイオード………………129	文書処理用ソフトウェア………22
と	範囲指定…………………………36	**へ**
土壌環境………………………154	ハンドラ…………………………51	平均値……………………………50
ドメイン名…………………80, 86		ペイントソフト……………58, 60
ドラッグ・アンド・ドロップ…28		変換キー…………………………32

索　引　**171**

編集……………………35

ほ
棒グラフ…………………52
補助記憶装置……………16
POS…………………4, 159
ホストコンピュータ……70
保存…………………34, 37

ま
マウス……………………18
マウスカーソル………19, 30
マス・メディア…………3
MAX………………………50
マルチメディア…………24

み
水環境……………………153
MIN………………………50

む
無人田植機………………136

め
メーリングリスト………77
メールアドレス…………86
メールソフト……………87
メッシュ法………………153
メディア…………………3
メニュー…………………27

も
モータ……………………129
文字カーソル……………30
文字数……………………38
文字データ………………45
モデム……………………72

ゆ
URL………………………80
ユーザ……………………70

ユーザ名…………………86

よ
溶存酸素量………………133

ら
LAN………………………73
ランダム・サンプリング……107
RE…………………………90
力学モデル法……………153

り
リモートセンシング……146
リレー……………………129
リンク……………………81

れ
冷害早期警戒システム…155
レーダーチャート………52
列幅………………………65

ろ
ローマ字入力……………31
ログイン…………………75

わ
ワークシート……………44
ワードプロセッサ……22, 30
ワープロ……………22, 30
ワクチン…………………78

[編著者]

髙倉　直　　福岡国際大学国際コミュニケーション学部教授，東京大学名誉教授
伊藤　稔　　畜産環境整備機構・畜産環境技術研究所研究開発部長
山中　守　　熊本大学教育学部教授

[著者]

二宮正士　　農業技術研究機構・中央農業総合研究センター農業情報研究部室長
関口隆司　　元茨城県立江戸崎高等学校教諭
山口郁雄　　佐賀県立佐賀農業高等学校教諭，佐賀県農業大学校助教授
岩瀬信太郎　佐賀県立唐津南高等学校教諭
守田健雄　　石川県立翠星高等学校教諭

表紙デザイン　　髙坂　均
レイアウト・図版　㈱河源社，JOKER，小林憲二，西村良平
写真提供　　共同通信社，毎日新聞社，横河電機

農学基礎セミナー
新版 農業情報処理

2003年3月31日　第1刷発行

編著者　髙倉 直　伊藤 稔　山中 守

発行所　社団法人　農山漁村文化協会
郵便番号　107-8668　東京都港区赤坂7丁目6-1
電話　03(3585)1141(営業)　03(3585)1147(編集)
FAX　03(3589)1387　振替　00120(3)144478
URL　http://www.ruranet.or.jp/

ISBN4-540-02274-1　　　　　製作／㈱河源社
〈検印廃止〉　　　　　　　　印刷／光陽印刷㈱
Ⓒ 2003　　　　　　　　　　製本／根本製本㈱
Printed in Japan　　　　　　　定価はカバーに表示
乱丁・落丁本はお取りかえいたします。

― 農文協・図書案内 ―

パソコン活用でリハーサル農業
夏井岩男著
作付・収入・支出、作業計画を柱にした経営計画法。パソコン活用で誰でもできるCDデモ版付。
●1680円

やらなきゃ損する 農家のパソコン
農業情報利用研究会編
今やパソコンも立派な農機具。ハード、ソフトの選び方、買い方、使い方のコツを先輩農家が解説。
●1680円

やらなきゃ損する 農家のインターネット直売
冨田きよむ著
実際が明かす農家の特色を生かした「売れるホームページ」企画・製作・運営の秘密。
●1650円

ここまで知らなきゃ 情報で損する
農業情報Gメン著
情報に振り回されるか使いこなすか。メーカー、市場、農協、試験場などの情報を総点検する。
●1470円

パソコンで在宅ワーク
古庄裕治著
下請け仕事ではなく、オンライン出版、地方情報通信員など創造的仕事づくりを提案。
●1470円

農業IT革命
塩 光輝著
欧米では精密農業のためのIT活用が多いが、日本では別の道が。地域農業の存続と活性化の指針
●1700円

農業経営成功へのアプローチ
全国農業経営コンサルタント協議会編/発行
農業に詳しい税理士、公認会計士が新規就農や農業法人化を成功させるノウハウを実例で解説。
●2000円

農業法人のつくり方
小林芳雄著
法人化の利点・欠点、段取り、注意点、経営上の実務、記帳、税務対策までをわかりやすく解説。
●2250円

がんばれ女性の〈食〉業おこし
樋口恵子他著
食品加工、直売所など、食にかかわる"活動"を"事業"にグレードアップする方法を解説。
●1850円

むらの原理 都市の原理
原田 津著
むらと都市は異なる原理を持つ。その違いを知って「すみわける」ことが現代社会の破局を回避
●1470円

山間地農村の産直革命
小松光一・小笠原 寛著
北の小さな山村が地域の個性を生かしたポスト近代の新たなライフスタイルを都市に提案。
●1740円

農家のための産直読本
中村 修著
初めての生産者向けガイド。個人、グループ等ケース別に、実例を通して成功のノウハウを示す。
●1750円

農産物直売所(ファーマーズマーケット)運営のてびき
都市農山漁村交流活性化機構編
ファーマーズマーケットの運営を成功させ、地域活性化と所得向上に結びつくノウハウを集大成
●1400円

地域ぐるみグリーン・ツーリズム運営のてびき
都市農山漁村交流活性化機構編
組織や立ち上げの手法、具体的な活動内容、人材の育成法などを運営のてびきとしてまとめた。
●1400円

歴史ロマンあふれるむらづくり事例集 こんなまち、こんなむらなら行ってみたい
国土庁地方振興局農村整備課企画
地域に埋もれた歴史ロマン、神楽・歌舞伎・文楽などを資源にした各地の地域おこしの試みを紹介
●1700円

(価格は税込。改定の場合もございます。)

農文協・図書案内

新版図集 野菜栽培の基礎知識
鈴木芳夫編著
生理・生態から栽培・品質管理の基本、野菜27種の生育の姿と生理、管理の要点を、豊富な図解で詳述。
●2760円

図集 作物栽培の基礎知識
栗原 浩監修／千葉浩三著
入門者やさらに観察眼を高めようとする人のために、研究者や精農家の著積を総括。
●1430円

新版図集 果樹栽培の基礎知識
熊代克巳・鈴木鐵男著
果樹の生理と管理の基本を、豊富・精緻な図でわかりやすく解説。施設栽培などの新技術も充実。
●2200円

図集 植物バイテクの基礎知識
大澤勝次著
植物バイテクの基本原理から増殖・保全・育種技術の実際まで平易かつ興味深く解説した決定版。
●2450円

作物栄養のしくみ
高橋英一著
光合成、チッソ同化、養水分吸収などの植物機能の形成史を生命と環境の最新知見から解説。
●1940円

図集 家畜飼育の基礎知識
三田雅彦・佐藤安弘・米倉久雄著
体の発育とともに変化する体内生理・機能を飼養管理との関わりで順序を追ってわかりやすく図解。
●1790円

図解 土壌の基礎知識
前田正男・松尾嘉郎著
自然循環を基本にした土壌の基礎知識。複雑な土の世界を図解。地力を高めていくための基礎。
●1330円

土壌微生物の基礎知識
西尾道徳著
土壌微生物の生態から連作障害、土壌管理との関わりまで、微生物の世界を知る格好のテキスト。
●1680円

有機栽培の基礎知識
西尾道徳著
有機物施肥法、輪作・有機栄養・養水分ストレス・土壌動物・土壌微生物・水田の活用法を解説。
●2100円

天敵利用の基礎知識
矢野栄二監訳／マライス他著
ハダニ、コナジラミ、アザミウマ、アブラムシ等の天敵の行動、生活条件を利用する立場から描く。
●2650円

図解 家庭菜園ビックリ教室
井原 豊著
狭い家庭菜園で周りも驚く高品質野菜作り。無農薬を目指すまる秘技術を詳しく図解で紹介。
●1530円

庭先でつくる果樹33種
赤井昭雄著
ブドウの垣根仕立てやキウイのTバー仕立て…。小さな庭にぴったりの育て方を解説。
●1630円

図解 家庭園芸 用土と肥料の選び方・使い方
加藤哲郎著
畑編とコンテナ編に分けて、園芸資材を使いこなすコツを満載。野菜34種、花の施肥設計表つき。
●1530円

堆肥のつくり方・使い方
藤原俊六郎著
堆肥の効果、つくり方、使い方の基礎から実際をわかりやすく解説。堆肥活用のベースになる本
●1500円

家庭菜園の病気と害虫
米山伸吾・木村 裕著
豊富なカラー写真とイラストで診断し、発生と症状に合わせて農薬選択、的確防除。
●2500円

（価格は税込。改定の場合もございます。）

ビジュアルサイエンス

第一線の科学者・研究者が最新の研究成果をもとに、人間と自然・環境の関係を精密でダイナミックなイラストと写真で描く

【自然の中の人間シリーズ】農業と人間編（全10巻）

A4判変形　●各2100円　セット価21000円
監修／農林水産省農林水産技術会議事務局
編者／西尾敏彦

工業の原理とは根本的にちがう農業の本質と豊かさ、農耕のしくみと暮らしの知恵を描き、自然と人間の調和、環境と人間のかかわりを考える。

①農業は生きている〈三つの本質〉
②農業が歩んできた道〈持続する農業〉
③農業は風土とともに〈伝統農業のしくみ〉
④地形が育む農業〈景観の誕生〉
⑤生きものたちの楽園〈田畑の生物〉
⑥生きものとつくるハーモニー①作物
⑦生きものとつくるハーモニー②家畜
⑧生きものと人間をつなぐ〈農具の知恵〉
⑨農業のおくりもの〈広がる利用〉
⑩日本列島の自然のなかで〈環境との調和〉

【自然の中の人間シリーズ】昆虫と人間編（全10巻）

A4判変形　●各2100円　セット価21000円
監修／農林水産省農林水産技術会議事務局　編者／梅谷献二

人間1人に10億匹もいる昆虫たちは地上に残された最大の未利用資源として注目されはじめた。その驚くべき能力と、昆虫を暮らし・産業に生かす知恵・近未来、そして生態系を生かす新しい害虫とのつき合い方を描く。

①昆虫たちの超能力
②暮らしの中の昆虫たち
③ミツバチ利用の昔と今
④カイコでつくる新産業
⑤虫で虫を退治する
⑥昆虫のにおいの信号
⑦昆虫が身を守るふしぎな力
⑧昆虫のバイオテクノロジー
⑨昆虫ロボットの夢
⑩都市の昆虫・田畑の昆虫

【自然の中の人間シリーズ】微生物と人間編（全10巻）

A4判変形　●各2100円　セット価21000円
監修／農林水産省農林水産技術会議事務局　著者／西尾道徳ほか

地球をつくったのも土をつくり森をつくったのも、チーズやみそをつくるのも微生物。からだの中の腸内細菌は健康を守っている。微生物の世界から、生活と産業、地球環境の今と未来を考え提案するビジュアルサイエンス。

①微生物が地球をつくった
②微生物が森を育てる
③からだのなかの微生物
④微生物が食べものをつくる
⑤微生物から食べものを守る
⑥微生物は安全な工場
⑦未来に広がる微生物利用
⑧畑をつくる微生物
⑨水田をつくる微生物
⑩地球環境を守る微生物

そだててあそぼう

全55巻
●各1890円　揃価103950円

専門家が執筆した密度の濃い内容を楽しいイラストでわかりやすく解説。歴史・文化から、栽培・飼育、加工・食べ方まで。

①トマトの絵本
②ナスの絵本
③サツマイモの絵本
④ジャガイモの絵本
⑤トウモロコシの絵本
⑥イネの絵本
⑦ムギの絵本
⑧ソバの絵本
⑨ダイズの絵本
⑩ワタの絵本
⑪キュウリの絵本
⑫カボチャの絵本
⑬メロンの絵本
⑭イチゴの絵本
⑮ラッカセイの絵本
⑯ヒマワリの絵本
⑰ケナフの絵本
⑱アイの絵本
⑲カイコの絵本
⑳ニワトリの絵本
㉑ダイコンの絵本
㉒ヘチマの絵本
㉓コンニャクの絵本
㉔サトウキビの絵本
㉕ヤギの絵本
㉖キクの絵本
㉗スイカの絵本
㉘ヒツジの絵本
㉙ヒョウタンの絵本
㉚カキの絵本
㉛ブルーベリーの絵本
㉜キャベツの絵本
㉝ナタネの絵本
㉞アサガオの絵本
㉟シイタケの絵本
㊱土の絵本① 土とあそぼう
㊲土の絵本② 土のなかの生きものたち
㊳土の絵本③ 作物をそだてる土
㊴土の絵本④ 土がつくる風景
㊵土の絵本⑤ 環境をまもる土
㊶ニンジンの絵本
㊷ミツバチの絵本
㊸ベニバナの絵本
㊹チャの絵本
㊺ブドウの絵本
㊻ピーマンの絵本
㊼ホウレンソウの絵本
㊽アスパラガスの絵本
㊾ブタの絵本
㊿チューリップの絵本
(51)ニガウリ（ゴーヤー）の絵本
(52)オクラの絵本
(53)アワ・ヒエ・キビの絵本
(54)リンゴの絵本
(55)ミカンの絵本

（価格は税込。改定の場合もございます。）